"十二五"职业教育国家规划教材修订版　　国家职业教育应用电子技术专业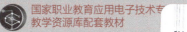课程
教学资源库配套教材

U0502021

SMT设备的
操作与维护
（第2版）

▶主　编　左翠红

高等教育出版社·北京

内容提要

　　本书是国家职业教育应用电子技术专业教学资源库配套教材之一,也是"十二五"职业教育国家规划教材修订版。

　　本书根据现代电子制造业对表面贴装岗位技术人才的需要,系统介绍表面贴装技术(SMT)工艺设备的操作与维护技术。本书融入了企业生产应用案例、行业标准及企业规范,内容按照表面贴装岗位技术人员的典型工作任务和表面贴装工艺流程中工作环节的顺序分为6章,包括SMT生产线认知、印刷机的操作与维护、贴片机的操作与维护、回流焊的操作与维护、检测设备的操作与维护及SMT生产线运行管理。各章内容遵循职业能力成长的规律由浅入深、由简单到复杂划分为几个学习性任务,将理论知识的学习、实践能力的培养融于岗位工作过程当中。在对SMT生产线建设的正确选型,主要生产设备的结构与功能认知,设备的编程、操作、调试与维护技能的掌握,表面贴装生产实施的正确组织等方面,本书具有实用的指导作用。

　　本书实现了互联网与传统教育的完美融合,以新颖的留白编排方式,突出资源的导航,扫描二维码,即可观看微课等视频类数字资源,随扫随学,突破传统课堂教学的时空限制,激发学生自主学习的兴趣,打造高效课堂。

　　本书可作为高等职业院校、高等专科学校、成人高校及本科院校举办的二级职业技术学院应用电子技术、电气自动化技术及相关专业的教学用书,也适用于五年制高职、中职相关专业,还可作为社会从业人员的业务参考书及培训用书。

图书在版编目(CIP)数据

　　SMT设备的操作与维护/左翠红主编.--2版.--
北京:高等教育出版社,2021.7
　　ISBN 978-7-04-055145-7

　　Ⅰ.①S… Ⅱ.①左… Ⅲ.①SMT设备-操作-高等职业教育-教材②SMT设备-维修-高等职业教育-教材
Ⅳ.①TN305.94

　　中国版本图书馆CIP数据核字(2020)第191687号

SMT SHEBEI DE CAOZUO YU WEIHU

策划编辑　曹雪伟	责任编辑　曹雪伟	封面设计　赵　阳	版式设计　童　丹
插图绘制　于　博	责任校对　胡美萍	责任印制　存　怡	

出版发行　高等教育出版社	网　　址	http://www.hep.edu.cn
社　　址　北京市西城区德外大街4号		http://www.hep.com.cn
邮政编码　100120	网上订购	http://www.hepmall.com.cn
印　　刷　北京市大天乐投资管理有限公司		http://www.hepmall.com
开　　本　850mm×1168mm　1/16		http://www.hepmall.cn
印　　张　16.25	版　　次	2014年2月第1版
字　　数　410千字		2021年7月第2版
购书热线　010-58581118	印　　次	2021年7月第1次印刷
咨询电话　400-810-0598	定　　价	46.00元

本书如有缺页、倒页、脱页等质量问题,请到所购图书销售部门联系调换
版权所有　侵权必究
物　料　号　55145-00

国家职业教育应用电子技术专业教学资源库配套教材编审委员会

出版说明

教材是教学过程的重要载体，加强教材建设是深化职业教育教学改革的有效途径，推进人才培养模式改革的重要条件，也是推动中高职协调发展的基础性工程，对促进现代职业教育体系建设，切实提高职业教育人才培养质量具有十分重要的作用。

为了认真贯彻《教育部关于"十二五"职业教育教材建设的若干意见》（教职成〔2012〕9号），2012年12月，教育部职业教育与成人教育司启动了"十二五"职业教育国家规划教材（高等职业教育部分）的选题立项工作。作为全国最大的职业教育教材出版基地，我社按照"统筹规划，优化结构，锤炼精品，鼓励创新"的原则，完成了立项选题的论证遴选与申报工作。在教育部职业教育与成人教育司随后组织的选题评审中，由我社申报的1338种选题被确定为"十二五"职业教育国家规划教材立项选题。现在，这批选题相继完成了编写工作，并由全国职业教育教材审定委员会审定通过后，陆续出版。

这批规划教材中，部分为修订版，其前身多为普通高等教育"十一五"国家级规划教材（高职高专）或普通高等教育"十五"国家级规划教材（高职高专），在高等职业教育教学改革进程中不断吐故纳新，在长期的教学实践中接受检验并修改完善，是"锤炼精品"的基础与传承创新的硕果；部分为新编教材，反映了近年来高职院校教学内容与课程体系改革的成果，并对接新的职业标准和新的产业需求，反映新知识、新技术、新工艺和新方法，具有鲜明的时代特色和职教特色。无论是修订版，还是新编版，我社都将发挥自身在数字化教学资源建设方面的优势，为规划教材开发配备数字化教学资源，实现教材的一体化服务。

这批规划教材立项之时，也是国家职业教育专业教学资源库建设项目及国家精品资源共享课建设项目深入开展之际，而专业、课程、教材之间的紧密联系，无疑为融通教改项目、整合优质资源、打造精品力作奠定了基础。我社作为国家专业教学资源库平台建设和资源运营机构及国家精品开放课程项目组织实施单位，将建设成果以系列教材的形式成功申报立项，并在审定通过后陆续推出。这两个系列的规划教材，具有作者队伍强大、教改基础深厚、示范效应显著、配套资源丰富、纸质教材与在线资源一体化设计的鲜明特点，将是职业教育信息化条件下，扩展教学手段和范围，推动教学方式方法变革的重要媒介与典型代表。

教学改革无止境，精品教材永追求。我社将在今后一到两年内，集中优势力量，全力以赴，出版好、推广好这批规划教材，力促优质教材进校园、精品资源进课堂，从而更好地服务于高等职业教育教学改革，更好地服务于现代职教体系建设，更好地服务于青年成才。

高等教育出版社

2014年7月

序

　　为落实《教育部　财政部关于实施国家示范性高等职业院校建设计划加快高等职业教育改革与发展的意见》(教高[2006]14号)精神,深化高职教育教学改革,加强专业与课程建设,推动优质教学资源共建共享,提高人才培养质量,2010年6月,教育部、财政部正式启动了国家高等职业教育专业教学资源库建设项目,应用电子技术专业是首批立项的11个专业之一。

　　项目主持单位——湖南铁道职业技术学院,联合浙江金华职业技术学院、南京工业职业技术学院、成都航空职业技术学院、宁波职业技术学院、芜湖职业技术学院、威海职业学院、深圳职业技术学院、常州信息职业技术学院、南京信息职业技术学院、重庆电子工程职业学院、淄博职业学院等33所高职院校和伟创力珠海公司、西门子(中国)有限公司、株洲南车时代电气股份有限公司等30家电子行业知名企业、中国电子元器件行业协会等2家行业协会、高等教育出版社等2家资源开发及平台建设技术支持企业组成项目联合建设团队。聘请电子通信系统及控制系统领域统帅人物中国科学院、中国工程院院士王越教授担任资源库建设的首席顾问,聘请行业先进技术的企业专家、深谙教育规律的教育教学专家组成"企、所、校结合"的资源库建设指导小组把握项目建设方向,确保资源建设的系统性、前瞻性、科学性。

　　自项目启动以来,项目建设团队先后召开了20多次全国性研讨会议,以建设代表国家水平、具有高等职业教育特色的开放共享型专业教学资源库为目标,紧跟我国职业教育改革的步伐,确定了"调研为先、用户为本、校企合作、共建共享"的建设思路,依据"普适性+个性化"的人才培养方案,构建了以职业能力为依据,专业建设为主线,课程资源与培训资源为核心,多元素材为支撑的"四层五库"资源库架构。以应用电子技术专业职业岗位及岗位任务分析为逻辑起点开发了"电子电路的分析与应用""电工技术与应用""电子产品的生产与检验""单片机技术与应用""PCB板制作与调试"5门专业核心课程,"电子产品调试与检测""EDA技术应用""电子产品生产设备操作与维护""传感器应用""电气控制技术应用""电子仪器仪表维修""PLC技术应用"7门专业骨干课程;以先进技术为支撑建设了包括"课程开发指南""课程标准框架"等2个课程开发指导性文件在内的课程资源库;开发了虚拟电子产品生产车间、电子电路虚拟实训室、虚拟电路实验实训学习平台、"单片机技术应用"项目录像和仿真学习包、智能测控电子产品实验系统、PCB制板学习包、电子产品生产设备操作与维护学习包7个标志性资源;以企业合作为基础,开发了师资培训包、企业培训包、学生竞赛培训包3个培训资源库;还构建了为课程资源库、培训资源库、标志性资源服务的专业建设标准库、职业信息库、素材资源库等大量资源和素材。目前应用电子技术专业教学资源库已在全国范围内推广试用,对推动专业教学改革,提高专业人才的培养质量,促进职业教育教学方法与手段的改革都起到了一定的积极作用。

　　本套教材是"国家职业教育应用电子技术专业教学资源库"建设项目的重要成果之一,也是资源库课程开发成果和资源整合应用的重要载体。五年来,项目组多次召开教材编写会议,深入研讨教学改革、课程开发、资源应用等方面的成果及经验总结,并集合全国教学骨干力量和企业技术核心人员成立教材编写委员会,以培养高素质的技能型人才为目标,打破专业传统教材框架束缚,根据高职应用电子技术专业教学的需求重新构架教材体系、设计教材体例,形成了以下四点鲜明特色:

第一,针对 12 门专业课程对应形成 13 本主体教材,教材内容按照专业顶层设计进行了明确划分,做到逻辑一致,内容相谐,既使各课程之间知识、技能按照专业工作过程关联化、顺序化,又避免了不同课程内容之间的重复,实现了顶层设计下职业能力培养的递进衔接。

第二,遵循工作过程系统化课程开发理论,突出岗位核心技术的实用性。整套教材是在对行业领域相关职业岗位群广泛调研的基础上编写而成的,全书注重专业理论与岗位技术应用相结合,将实际的工作案例引入教学,淡化繁复的理论推导,以形象、生动的例子帮助学生理解和学习。

第三,有效整合教材内容与教学资源,打造立体化、自主学习式的新型教材。在教材的关键知识点和技能点上,通过图标注释资源库中所配备的相应的特色资源,引导学习者依托纸质教材实现在线学习,借助多种媒体资源实现对知识点和技能点的理解和掌握。

第四,整套教材采用双色印刷,版面活泼、装帧精美。彩色标注,突出重点概念与技能,通过视觉搭建知识技能结构,给人耳目一新的感觉。

千锤百炼出真知。本套教材的编写伴随着资源库建设的历程,历时五年,几经修改,既具积累之深厚,又具改革之创新,是全国 60 余所高职院校的 200 余名骨干教师、40 余家电子行业知名企业的 20 多名技术工程人员的心血与智慧的结晶,也是资源库五年建设成果的集中体现。我们衷心地希望它的出版能够为中国高职应用电子技术专业教学改革探索出一条特色之路,一条成功之路,一条未来之路!

高等职业教育应用电子技术专业教学资源库项目组
2012 年 6 月

前　言

随着高密度印制电路板与大规模集成电路技术的高速发展,表面贴装技术以不可比拟的优势迅速取代传统的通孔插装技术,成为新一代电子组装技术的代名词,催生了大批 SMT 工艺设备应用的高技能人才需求。

本教材从电子制造企业 SMT 工艺设备岗位人才需求出发,以学生职业能力和职业素养培养为主线,将岗位工作任务、工作过程与教材内容、教材体例相结合,凸显工学结合的人才培养模式。结合本教材配套的动画、视频、虚拟仿真、课件、教案等资源,采用"岗、课融通,教、学、做一体"的教学模式,可将理论知识的学习、实践能力的培养融于"学中做(仿真训练)、做中学(实践训练)"的过程当中。

本书具有以下特色:

1. 体例、内容与岗位工作过程、工作任务融合,体现其实用性、普适性

SMT 工艺设备技术人员承担着 SMT 生产线建设的设备选型、生产线设备的操作与维护、保证生产线正常运行等任务。本书将工作任务按照工艺流程中工作环节的顺序分解成对应的章,各章通过学习性任务实现对 SMT 生产线建设的正确选型,主要生产设备的结构与功能认知,设备的编程、操作、调试与维护技能的掌握,表面贴装生产实施的正确组织等,将实际岗位工作内容与课程内容相互融通,充分体现内容的实用性、普适性。

2. 配套动、静态资源丰富,直观生动,易教易学

本书有国家资源库课程资源支撑,教学资源高质海量,配有参考教案、教学课件、高清视频、动画、虚拟仿真等动、静态资源,资源容量近 20 GB,教材导引直观方便。教师易用易教,学生易学易懂。解决了 SMT 生产设备价格昂贵、数量不足、不能随时停线与拆卸用于教学的问题,为各高职院校开设本课程提供了可能。

3. 案例选自国内现代化企业的主流设备,保障内容的前瞻性、通用性

本书选用的企业工程案例源自现代化电子制造企业的主流设备与先进工艺,融入 ISO、IPC 等国际标准,以及企业的技术标准和岗位操作规范,保证内容的前瞻性、先进性。同时,本书所选用的案例任务可以根据使用院校的自身条件进行调整,但所传授的内容不变,一般院校都有条件完成,保证了教材的通用性。

本书在有硬件条件的学校建议采用任务驱动、"教、学、做"一体的教学模式,在硬件条件缺乏的学校可以利用资源库课程资源进行教与学,通过虚拟仿真资源进行交互训练。建议参考课时为 120 学时左右。

本书由左翠红担任主编,编写第 1 章和第 3 章的任务 3.1~3.3,并负责全书统稿。陈海波、祝瑞花担任副主编,分别编写第 4 章和第 2 章,并协助主编工作。吕娣、房明明分别编写第 5 章、第 6 章及第 3 章的任务 3.4,张丽燕、王高亮、赵岩参与了教材资源网站的设计制作。李朝林、刘红兵、吴志荣、乔立强等在编写与网站设计过程中给予了很多的帮助。本书由富士康科技集团 SMT 技委会协理叶中兴教授、美国环球仪器公司资深工程师李忆先生担任审稿。

在本书的编写过程中,得到了美国环球仪器公司、富士康科技集团(烟台园区)、威海卡尔电气有限公司等企业的大力支持,并提供了很多案例素材。

在此,对给予支持的相关企业、相关作者及评审人员表示衷心的感谢!

由于编者水平有限,加之表面贴装技术发展迅速,书中错漏之处在所难免,恳请广大读者批评指正。

本书对应课程"表面贴装设备的操作与维护"资源网站为"智慧职教"平台,读者可在对应网站使用相关电子资源,如参考教案、教学课件、高清视频、动画、虚拟仿真、设备手册等动、静态资源。

编者

2021 年 2 月

目 录

第 **1** 章

SMT 生产线认知

学习目标

　　表面贴装技术（SMT），是直接将表面贴装元器件贴焊到印制电路板表面规定位置上的电子装联技术，是目前电子组装行业里最流行的技术与工艺。 本章主要介绍 SMT 生产线的设备组成、工艺流程、生产线环境配置要求及安全标志。

学习完本章后，你将能够：
- 建立对 SMT 生产线的基本认知
- 掌握 SMT 生产线的设备组成
- 掌握 SMT 组装生产工艺流程
- 了解 SMT 生产线的环境配置要求
- 熟悉、适应 SMT 生产线职业情境，建立对各岗位职责的认知

任务 1.1   了解 SMT 生产线

SMT（Surface Mounting Technology），即表面贴装技术，是无需对印制电路板（Printed Circuit Board，PCB）钻插装孔，直接将表面贴装元器件贴焊到印制电路板表面规定位置上的电子装联技术。该技术组装结构紧凑、体积小、重量轻，可大大提高电子产品的组装密度。它是电子产品有效实现"轻、薄、短、小"和多功能、高可靠、优质、低成本的主要手段之一。

1. SMT 生产线的组成

SMT 生产线的主要生产设备包括印刷机、点胶机、贴片机（高速贴片机与多功能贴片机）、再流焊机，辅助生产设备包括上板机、下板机、接驳台、检测设备、返修设备和清洗设备等，通常根据实际生产需要来选择。一条实际的 SMT 生产线设备基本配置如图1.1 所示。

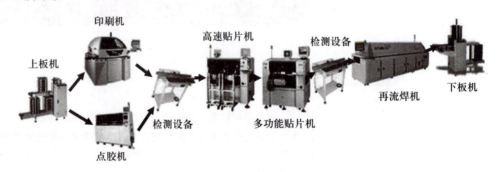

图 1.1   一条实际的 SMT 生产线设备基本配置

（1）印刷机

印刷机位于 SMT 生产线的前端，用来印刷锡膏或贴片胶。钢网的网孔与 PCB 焊盘对正后，通过刮刀的运动，把放置在钢网上的锡膏或贴片胶漏印到 PCB 焊盘或相应位置上，为元器件的贴装做好准备。

（2）点胶机

微课
点胶机点胶演示

点胶机主要用来涂覆锡膏或贴片胶，通过真空泵的压力，按照事先设定好的位置和量剂把辅料（胶水或者锡膏）涂覆到指定的位置上。其适合于小批量多产品生产，在生产过程中不需要更换制作治具，大大缩短了生产周期。现在多用于胶水工艺的生产。

（3）贴片机

贴片机又称贴装机，位于印刷机或点胶机的后面，其主要作用是通过事先设定的条件，准确地从指定位置取出指定的物料，正确地贴装到指定的位置上。SMT 生产线的贴装能力和生产能力主要取决于贴片机的速度和精度等功能参数。该设备是 SMT 生产线中技术含量最高、最复杂、最昂贵的设备。

全自动贴片机是集精密机械、电动、气动、光学、计算机、传感技术等为一体的高速度、高精度、高度自动化、高度智能化的设备。在 SMT 生产线中，贴片机的配置要根据所生产产品的种类、产量来决定。

（4）再流焊机

再流焊机（REFLOWER）也称为回流焊机，位于 SMT 生产线贴片机的后面，其作用是通过提供一种加热环境，把印刷机预先分配在 PCB 上的焊料融化，使表面贴装元器件与 PCB 焊盘通过锡膏合金可靠地结合在一起。

微课
再流焊机

（5）检测设备

检测设备的作用是对贴装好的 PCB 进行装配质量和焊接质量的检测。所用设备有放大镜、显微镜、自动光学检测仪（AOI）、在线测试仪（ICT）、X-ray 检测系统、功能测试仪（FT）等。根据检测的需要，其安装位置是在生产线相应工位后面。

（6）返修设备

返修设备的作用是对检测出现故障的 PCB 进行返工修理。所用工具为烙铁、BGA 返修台等。

（7）清洗设备

清洗设备的作用是将贴装好的 PCB 上面影响电性能的物质或对人体有害的焊接残留物除去，如助焊剂等。若使用免清洗焊料可以不用清洗。清洗所用设备为超声波清洗机和专用清洗液，其安装位置不固定，可以在线，也可以不在线。

2. SMT 生产线分类

SMT 生产线按照自动化程度可分为全自动生产线和半自动生产线，按照生产线的规模大小可分为大型、中型和小型生产线。

全自动生产线是指整条生产线的设备都是全自动设备，通过自动上板机、接驳台和下板机将所有生产设备连成一条自动线；半自动生产线是指主要生产设备没有连接起来或没有完全连接起来，比如印刷机是半自动的，需要人工印刷或人工装卸印制电路板。

大型生产线具有较大的生产能力，一条大型生产线上的贴片机由一台多功能机和多台高速机组成。中小型 SMT 生产线主要适合中小型企业和研究所，以满足中小批量的生产任务，可以是全自动生产线也可以是半自动生产线。贴片机一般选用中小型机，如果产量比较小，可采用一台多功能贴片机；如果有一定的产量，可采用一台多功能贴片机和一至两台高速贴片机。

图 1.2 为 SMT 印刷工艺小型自动生产线设备配置示意图。

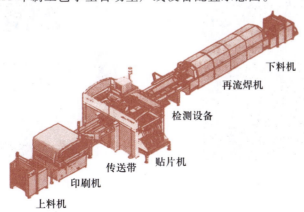

图 1.2　SMT 印刷工艺小型自动生产线设备配置示意图

任务 1.2   典型的中小型 SMT 生产线认知

本任务以一条典型的中小型 SMT 自动生产线为例,介绍其设备组成,如图 1.3 所示。

该生产线的主要生产设备包括全自动网板印刷机、贴片机和再流焊机。主要设备的型号、参数、特点介绍如下。

1. 全自动网板印刷机

型号:HITACHI NP-04LP。

特点:操作便捷,高速、高精度、重复印刷性好,适宜细间距 QFP、SOP 等元器件连续印刷。

基板尺寸($W \times L$):50 mm×50 mm~360 mm×460 mm。

模板尺寸($L \times W \times H$):650 mm×550 mm×30 mm~750 mm×750 mm×30 mm。

基板厚度:0.4~3.0 mm。

印刷周期:8 s(不含印刷和离网时间)。

视觉系统:高亮度匹配灰度图案、锡膏均一照明、自动搜索基准。

视觉识别精度:±0.002 5 mm。

定位精度:±0.015 mm。

印刷方式:接触式连续印刷。

操作系统:Windows 操作系统,操作界面有中、日、英三种语言。

气源:0.49~0.69 MPa。

电源:三相 AC 380V 50 Hz/3 kV·A。

外形尺寸($L \times W \times H$):1 480 mm×1 310 mm×1 500 mm。

光学构造:CCD 摄像机。

HITACHI NP-04LP 型印刷机如图 1.4 所示。

图 1.3   典型的中小型 SMT 自动生产线

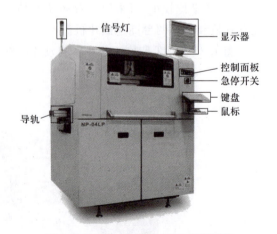

图 1.4   HITACHI NP-04LP 型印刷机

2. 高速贴片机

型号:环球 AC30L。

特点:Lightning 贴装头,飞行中成像,可进行 0201 元器件精密贴装。

基板尺寸:50.8 mm×50.8 mm～457 mm×635 mm。

元器件范围:0.25 mm×0.5 mm×0.15 mm～30 mm×30 mm×6 mm。

标称贴装速度:33 600 CPH。

贴装精度:CHIP 料精度 ±65 μm(4σ);IC 料精度 ±65 μm(4σ)。

贴装头结构:旋转式贴装头(也称为闪电头),30 个吸嘴。

供料器数量:70 个。

操作系统:Windows 操作系统。

环球 AC30L 型贴片机如图 1.5 所示。

图 1.5　环球 AC30L 型贴片机

3. 多功能贴片机

型号:环球 AC72。

特点:能够适宜 0.6 mm×0.3 mm～150 mm×150 mm 的 BGA、堆叠封装、异形、护罩、连接器等大型芯片的贴装,具有灵活性、通用性、可靠性与维护性。

基板尺寸:50.8 mm×50.8 mm～457 mm×635 mm。

元器件范围:0.25 mm×0.5 mm×0.15 mm～24 mm×24 mm×11 mm。

标称贴装速度:18 900 CPH。

贴装精度:CHIP 料精度 ±90 μm(4σ);IC 料精度 ±62.5 μm(4σ)。

贴装头数量:7 个多功能贴装头。

供料器数量:70 个。

操作系统:Windows 操作系统。

环球 AC72 型贴片机如图 1.6 所示。

4. 再流焊机

型号:HELLER1809。

特点:9 个加热区+2 个冷却区,上、下温区独立控温,温度控制精度:±1 ℃,PCB 温度分布:±1.5 ℃,适用于无铅工艺 PCB 加工。

PCB 传送方式:链传动+网传动。

传送带速度:0～2 000 mm/min。

温度控制范围:室温到 300 ℃。

温度控制方式:PID 全闭环控制,SSR 驱动。

HELLER1809 型再流焊机如图 1.7 所示。

图 1.6   环球 AC72 型贴片机

图 1.7   HELLER1809 型再流焊机

任务 1.3   SMT 组装的生产工艺流程

教学课件
任务 1.3

目前,表面贴装元器件(SMC/SMD)的品种规格并不齐全,因此在表面贴装中仍需要采用部分通孔插装元器件(THC)。所以,通常所说的表面贴装中往往是通孔插装元器件和表面贴装元器件兼有的,全部采用表面贴装元器件的只是一部分。典型表面贴装方式有全表面贴装、单面混装、双面混装,如表 1.1 所示。全部采用表面贴装元器件的贴装称为全表面贴装,通孔插装元器件和表面贴装元器件兼有的组装称为混合组装(混装)。

表 1.1   典型表面组装方式

组装方式		示意图	电路基板	焊接方式	特点
全表面贴装	单面表面贴装	A / B	单面 PCB 陶瓷基板	单面再流焊	工艺简单,适用于小型、薄型简单电路
	双面表面贴装	A / B	双面 PCB 陶瓷基板	双面再流焊	高密度组装、薄型化
单面混装	SMC/SMD 和 THC 都在 A 面	A / B	双面 PCB	先 A 面再流焊,后 B 面波峰焊	一般采用先贴后插,工艺简单
	THC 在 A 面,SMC/SMD 在 B 面	A / B	单面 PCB	B 面波峰焊	PCB 成本低,工艺简单,先贴后插
双面混装	THC 在 A 面,A、B 两面都有 SMC/SMD	A / B	双面 PCB	先 A 面再流焊,后 B 面波峰焊	适合高密度组装
	A、B 两面都有 SMC/SMD 和 THC	A / B	双面 PCB	先 A 面再流焊,后 B 面波峰焊,B 面插件后附	工艺复杂,很少采用

注:A 面——主面,又称元器件面;B 面——辅面,又称焊接面。

几种典型表面贴装方式的工艺流程总结如下。

1. 全表面贴装工艺流程

全表面贴装（或纯表面贴装）是指 PCB 双面都是 SMC/SMD,有单面表面贴装和双面表面贴装两种形式。单面表面贴装采用单面板,双面表面贴装采用双面板。

（1）单面表面贴装工艺流程

单面表面贴装工艺流程为:印刷锡膏→贴装元器件(贴片)→再流焊,如图 1.8 所示。

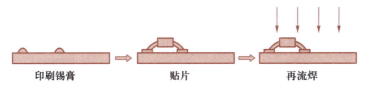

印刷锡膏　　　　　贴片　　　　　再流焊

图 1.8　单面表面贴装工艺流程

（2）双面表面贴装工艺流程

双面表面贴装工艺流程有以下两种:

① B 面印刷锡膏→贴装元器件→再流焊→翻转 PCB→A 面印刷锡膏→贴装元器件→再流焊。

② A 面印刷锡膏→贴装元器件→烘干(固化)→A 面再流焊→(清洗)→翻转 PCB (翻板)→B 面印刷锡膏(点贴片胶)→贴装元器件→烘干(固化)→再流焊,如图 1.9 所示。

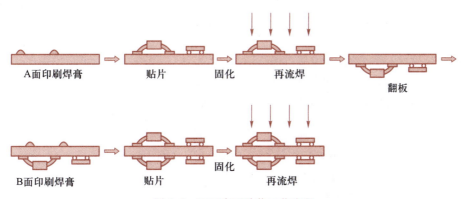

A面印刷焊膏　　　贴片　　　固化　　　再流焊　　　　　翻板

B面印刷焊膏　　　贴片　　　　　固化　　　再流焊

图 1.9　双面表面贴装工艺流程

2. 单面混装工艺流程

单面混装是指 PCB 上既有 SMC/SMD,又有 THC。THC 在 A 面,SMC/SMD 既可能在 A 面,也可能在 B 面。

（1）SMC/SMD 和 THC 都在 A 面

单面混装工艺流程为:印刷锡膏→贴片→再流焊→插件→波峰焊,如图 1.10 所示。

（2）THC 在 A 面,SMC/SMD 在 B 面

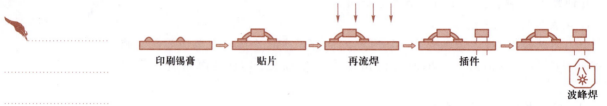

印刷锡膏   贴片   再流焊   插件   波峰焊

图 1.10   SMC/SMD 和 THC 在同一面

单面混装工艺流程为:B 面施加贴片胶→贴片→胶固化→翻板→A 面插件→B 面波峰焊,如图 1.11 所示。

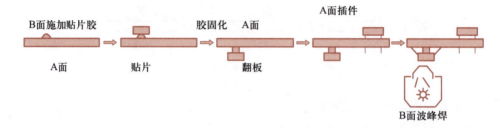

B面施加贴片胶   胶固化   A面   A面插件
A面   贴片   翻板   B面波峰焊

图 1.11   SMC/SMD 和 THC 分别在两面

3. 双面混装工艺流程

双面混装是指双面都有 SMC/SMD,THC 在 A 面,也可能双面都有 THC。

（1）THC 在 A 面,A、B 两面都有 SMC/SMD

双面混装工艺流程为:A 面印刷锡膏→贴片→再流焊→翻板→B 面施加贴片胶→贴片→固化→翻板→A 面插件→B 面波峰焊,如图 1.12 所示。

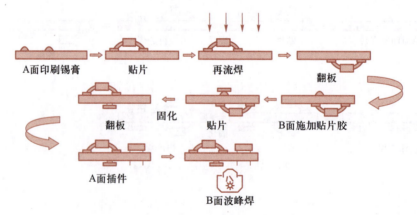

A面印刷锡膏   贴片   再流焊   翻板
翻板   固化   贴片   B面施加贴片胶
A面插件   B面波峰焊

图 1.12   THC 在 A 面,A、B 两面都有 SMC/SMD

（2）A、B 两面都有 SMC/SMD 和 THC

双面混装工艺流程为:A 面印刷锡膏→贴片→再流焊→翻板→B 面施加贴片胶→贴片→固化→翻板→A 面插件→B 面波峰焊→B 面插装件后附。

4. 选择表面贴装工艺流程应考虑的因素

表面组装工艺流程主要依据印制电路板的组装密度和 SMT 生产线的设备条件进行选择。当 SMT 生产线具备再流焊、波峰焊两种焊接设备时,可做如下考虑。

(1) 尽量采用再流焊方式,因为与波峰焊相比,再流焊具有如下优势:

① 再流焊不像波峰焊那样,要把元器件直接浸渍在熔融的焊料中,所以元器件受到的热冲击小。但由于再流焊加热方法不同,有时会施加给元器件较大的热应力,要求元器件的内部结构及外封装材料必须能够承受再流焊温度的热冲击。

② 只需要在焊盘上施加焊料,用户能控制焊料的施加量,减少了虚焊、桥接等焊接缺陷的产生,因此焊接质量好,可靠性高。

③ 有自定位效应,即当元器件贴放位置有一定偏离时,由于熔融焊料表面张力的作用,当其全部焊端或引脚与相应焊盘同时被润湿时,能在润湿力和表面张力的作用下,自动被拉回到近似目标位置。

④ 焊料中一般不会混入不纯物,使用锡膏时,能准确地保证焊料的成分。

⑤ 可以采用局部加热热源,从而可在同一基板上采用不同焊接工艺进行焊接。

⑥ 工艺简单,修板的工作量极小,节省人力、电力、材料。

(2) 在一般密度的混合组装条件下,当 SMC/SMD 和 THC 在 PCB 的同面时,采用 A 面印刷锡膏、再流焊,B 面波峰焊工艺;当 THC 在 PCB 的 A 面、SMC/SMD 在 PCB 的 B 面时,采用 B 面点胶、波峰焊工艺。

(3) 在高密度混合组装条件下,当没有 THC 或只有极少量 THC 时,可采用双面印刷锡膏、再流焊工艺,少量 THC 采用后附的方法;当 A 面有较多 THC 时,采用 A 面印刷锡膏、再流焊,B 面点贴、固化、波峰焊工艺。

观察与思考
在印制电路板的同一面,能否采用先对 SMC/SMD 进行再流焊、后对 THC 进行波峰焊的工艺流程? 为什么?

任务 1.4　了解 SMT 生产线环境配置要求

教学课件
任务 1.4

SMT 生产设备具有全自动、高精度、高速度等特点,SMT 工艺也与传统插装工艺有很大区别,片式元器件的几何尺寸非常小,组装密度非常高。另外,SMT 的工艺材料如锡膏与贴片胶的黏度和触变性等性能,与环境温度、湿度都有密切的关系。因此,SMT 生产设备和 SMT 工艺对生产现场的电、气、通风、环境温度、相对湿度、空气清洁度、防静电等条件都有专门的要求。

1. 电源、气源及工作环境要求

(1) 电源要求

电源电压和功率要符合设备要求。电压要稳定,一般要求单相 AC 220 V (220±10%,50/60 Hz),三相 AC 380 V (380±10%,50/60 Hz)。如果达不到要求,需配置稳压电源,电源的功率要大于设备功耗的一倍以上。

贴片机的电源要求独立接地,一般应采用三相五线制的接线方法。因为贴片机的运动速度很高,与其他设备接在一起会产生电磁干扰,影响贴片机的正常运行和贴装精度。

（2）气源要求

气源方面，要根据设备的要求配置气源的压力，可以利用工厂的气源，也可以单独配置无油空气压缩机。一般要求压力大于 7 kg·f/cm²。要求清洁、干燥的空气，需要对压缩空气进行去油、去尘和去水处理。最好采用不锈钢或耐压塑料管做空气管道，不要用铁管做压缩空气的管道。企业一般会采用三级过滤装置，以满足压缩空气的需要，如图 1.13 所示。

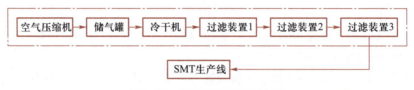

图 1.13　SMT 生产线气源配置

再流焊和波峰焊设备都有排风及烟气排放要求，应根据设备要求配置排风机。对于全热风炉，一般要求排风管道的最低流量为 14.15 m³/min。

（3）工作环境要求

SMT 生产设备和工艺材料对环境的清洁度、温度、湿度都有一定的要求。为了保证设备正常运行和组装质量，对工作环境有较严格的要求。工作间要保持清洁卫生，无尘土、无腐蚀性气体。环境温度以（23±3）℃为最佳。相对湿度为 45%~70% RH。根据以上条件，由于北方气候干燥、风沙较大，因此北方的 SMT 生产线需要采用有双层玻璃的厂房，一般应配备空调。

2. 静电防护要求

在电子产品制造中，静电放电往往会损伤元器件，甚至会使元器件失效，造成损失。随着 IC 集成度的不断提高，元器件越来越小，使得 SMT 组装密度也不断升级，静电的影响比以往任何时候更严重。据有关统计，在导致电子产品失效的因素中，静电占 3%~8%。因此，在 SMT 生产中进行静电防护非常重要。

生产现场主要有以下一些防静电措施。

① 设立静电安全工作台。静电安全工作台由工作台、防静电桌垫、腕带接头和接地线等组成。

② 防静电桌垫上应有两个以上的腕带接头，一个供操作人员用，一个供技术人员、检验人员用。

③ 静电安全工作台上不允许堆放塑料盒、橡皮、纸板、玻璃等易产生静电的杂物，图纸资料应放入防静电文件袋内。

④ 直接接触静电敏感元器件的人员必须佩戴防静电腕带，腕带与人体皮肤应有良好接触。

⑤ 生产场所的元器件盛料袋、周转箱、PCB 上下料架等应具备静电防护作用，不允许使用金属和普通容器，所有容器都必须接地。

⑥ 进入静电工作区的人员和接触 SMD 元器件的人员必须穿防静电工作服，特别是在相对湿度小于 50% RH 的干燥环境中（如冬季），工作服面料应符合国家有关

标准。

⑦ 进入工作区的人员必须穿防静电工作鞋,穿普通鞋的人员应使用导电鞋束、防静电鞋套或脚跟带。

⑧ 生产线上用的传送带和传动轴,应装有防静电接地的电刷和支杆。

⑨ 对传送带表面可使用离子风静电消除器。

⑩ 生产场所使用的组装夹具、检测夹具、焊接工具、各种仪器等,都应设良好的接地线。

⑪ 生产场所入口处应安装防静电测试台,每一个进入生产现场的人员均应进行防静电测试,合格后方能进入现场。

任务 1.5　安全标志与安全防范认知

教学课件
任务 1.5

在生产加工之前首先要认真阅读机器上的所有安全信息和标志,注意自身安全。下面介绍几个典型的警示标志,如图 1.14 所示。

单词"DANGER""WARNING"或"CAUTION"常被用作安全警示标志的内容。"DANGER"和"WARNING"标志用于较严重的安全警示信息和某些特定的安全警示信息。"CAUTION"标志用于一般性的预防信息,有时也用作注意安全的提醒标志。

图 1.14　警示标志

具体警示标志如图 1.15 所示。

警告
WARNING

·机器可动部位·
1. 打开机罩后,请不要接触可动部位
2. 检修保养时,请切断主电源
1. Never touch moving parts
2. Electric shock can kill
   Disconnect power before servicing

(a) 运动部件操作警示标志

警告
CAUTION

运动中打开机罩
机器将[紧急停止]
Emergency stop when cover is
opened at automatic running

(b) 安全罩警告标志

图 1.15　具体警示标志

本章小结

本章主要介绍了 SMT 生产线的设备组成、生产工艺流程、生产线环境配置要求及安全标志。

　　SMT 生产线的主要生产设备包括印刷机、点胶机、贴片机、再流焊机,辅助生产设备包括上板机、下板机、接驳台、检测设备、返修设备和清洗设备等。

　　典型表面贴装方式有全表面贴装、单面混装、双面混装。全部采用表面贴装元器件的组装称为全表面贴装,通孔插装元器件和表面贴装元器件兼有的组装称为混合组装。

　　SMT 生产设备和 SMT 工艺对生产现场的电、气、通风、环境温度、相对湿度、空气清洁度、防静电等条件都有专门的要求。要求电源电压和功率要符合设备要求,一般要配置稳压电源,贴片机的电源要求独立接地;要求根据设备的要求配置气源的压力,需要对压缩空气进行去油、去尘和去水处理;再流焊和波峰焊设备都有排风及烟气排放要求,应根据设备要求配置排风机;要求工作间清洁卫生,无尘土、无腐蚀性气体;环境温度以(23±3)℃为最佳,相对湿度为 45%~70%RH。

　　安全警示标志包括"DANGER""WARNING"及"CAUTION"三类。在生产加工之前首先要认真阅读机器上的所有安全信息和标志,注意自身安全。

仿真训练

　　仿真训练:表面贴装虚拟实训车间漫游

实践训练

　　SMT 车间见习或参观

第 **2** 章

印刷机的操作与维护

学习目标

　　印刷机是 SMT 生产线主要设备之一，承担着锡膏或胶印刷工艺。 本章主要介绍印刷机的分类、结构和工作原理，以及印刷机的操作调试方法与日常维护。

学习完本章后，你将能够：
- 了解印刷机的结构、功能与工作原理
- 掌握印刷机编程参数设置与调整方法，能够进行印刷机的编程参数设置与调整
- 掌握印刷机的操作运行方法，能够进行印刷机的操作
- 掌握印刷机日常维护的内容与步骤，能够进行印刷机基本的日常维护
- 熟悉印刷机操作、工艺、点检、维护保养作业指导书的编制方法与作业要领

任务2.1　了解印刷机

SMT印刷机是用来印刷锡膏或贴片胶的,其功能是将锡膏或贴片胶均匀、适量地漏印到印制电路板(PCB)相应的位置上。

2.1.1　常见的印刷机

印刷机根据其自动化程度,可分为手动、半自动和全自动印刷机三类。

1. 手动印刷机

手动印刷机又称为"手动丝印台",印刷机的各种参数和动作均需要人工调节与控制。其优点是价格便宜、使用方便;缺点是印刷精度差,且随操作人员技术熟练程度波动大,并且锡膏暴露在空气中,容易变质。其适合要求不高的小批量生产。手动印刷机外观如图2.1(a)所示。

2. 半自动印刷机

半自动印刷机介于手动印刷机和全自动印刷机之间,除了PCB装夹过程是人工放置以外,其余动作机器可以连续完成,但第一块PCB与模板的窗口位置是通过人工来对准的。其优点是价格适中、使用方便;缺点是印刷精度不高、速度慢。其适合小投资批量生产。半自动印刷机外观如图2.1(b)所示。

3. 全自动印刷机

全自动印刷机通过自动化机械来实现锡膏或贴片胶的漏印,通过光学定位方式进行定位,操作人员可通过电控开关来控制刮刀的移动,或通过编程来控制设备,进行刮刀速度、压力、脱模速度等参数的设定,锡膏添加、钢网清洗、机器内温湿度控制等操作由印刷机自动完成。其优点是印刷精度高、速度快、使用方便;缺点是价格昂贵、维护难度大。其适合装配精度要求高、大规模大批量PCB的组装,是自动化SMT生产中应用最广的机型。全自动印刷机外观如图2.1(c)所示。

(a) 手动印刷机　　　　(b) 半自动印刷机　　　　(c) 全自动印刷机

图2.1　印刷机的分类

2.1.2　印刷机的基本结构

手动、半自动和全自动印刷机在结构上都包括以下几个部分：

① 夹持 PCB 基板的工作台。包括工作台面、真空夹持或板边夹持机构、工作台传输控制机构。

② 印刷头系统。包括刮刀、刮刀固定机构、印刷头的传输控制系统等。

③ 模板及其固定机构。

④ 保证印刷精度而配置的其他选件，包括视觉校正系统、擦板系统和二维、三维测量系统等。

2.1.3　全自动印刷机的工作原理

全自动印刷机的工作原理如下：

印刷机传入基板（未印刷的 PCB），并由止挡器定位；工作台机构夹紧基板，通过视觉校正系统与模板对准 MARK 基点，若有偏差调整工作台；工作台带动基板上升与模板紧贴；模板上的刮刀组件带动刮刀以一定速度和角度使得模板上的锡膏向前滚动，对锡膏产生一定的剪切力和压力，锡膏滚动过程中，将锡膏填满模板相应孔中；基板与模板分离，由于基板表面相应焊盘吸引力和锡膏重力作用，锡膏转印到基板相应的焊盘上，传出机构将基板传出，完成一次印刷。全自动印刷机的工作流程图和工作原理如图 2.2 和图 2.3 所示。

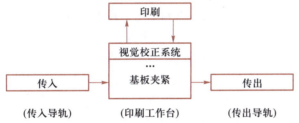

图 2.2　全自动印刷机的工作流程图

微课
印刷机印刷过程

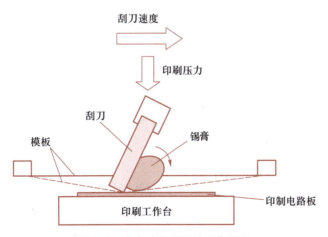

图 2.3　全自动印刷机的工作原理

2.1.4　涂覆方法

在目前的印刷涂覆方法中,包括接触式印刷和非接触式印刷两种方法。这两种方法的共同之处是印刷原理类似,主要区别在于印刷时模板与印制电路板之间是否存在间隙。模板与印制电路板之间存在间隙的印刷称为非接触式印刷,在机器设置时,间隙的大小是可调整的,一般为 $0 \sim 1$ mm。而模板与印制电路板之间没有间隙(即零间隙)的印刷称为接触式印刷。

非接触式丝网印刷法是传统的涂覆方法,丝网制作的费用低廉,但印刷锡膏的精度不高,仅适用于大网孔、小批量生产的 SMT 印制电路板。手动印刷机可以使用薄铜板制作的漏印模板,这种模板容易加工、制作费用低廉,适合于小批量生产的电子产品。高档 SMT 印刷机一般使用不锈钢薄板制作的漏印模板,这种模板精度高、加工难度大,因此制作费用高,适合于大批量生产的高密度 SMT 电子产品。

本章主要介绍采用不锈钢模板的接触印刷式印刷机。

2.1.5　模板

模板(Mask)是一种通过开口,把敷料漏到 PCB 上的治具。模板的选用要考虑印刷机、刮刀及产品要求。

图 2.4　不锈钢模板

模板所用材料有不锈钢、尼龙、聚酯材料等。以前曾使用一种厚的乳胶丝网,它有别于丝印模板,现在只有少数锡膏丝印机使用。金属模板比乳胶丝网普遍得多,优越得多,并且也不会太贵。本节主要介绍不锈钢模板,如图 2.4 所示。

制作开孔的工艺控制开孔壁的光洁度和精度。常见有三种制作模板的工艺:化学腐蚀工艺、激光切割工艺和电铸成形工艺。其中最常用的是激光切割工艺。

1. 化学腐蚀(Chemically Etched)工艺

化学腐蚀是指在金属箔上涂抗蚀保护剂,用销钉定位感光工具,将图形曝光在金属箔两面,然后使用双面工艺同时从两面腐蚀金属箔。其优点是成本最低,周转最快;缺点是开口形成刀锋或沙漏形状。

2. 激光切割(Laser-Cut)工艺

激光切割是指切割数据直接从客户的原始 Gerber 数据产生,在做必要修改后传送到激光机,由激光光束进行切割。其优点是错误少,减少位置不正的可能;缺点是激光光束产生金属熔渣,造成孔壁粗糙。

3. 电铸成形(Electroformed)工艺

电铸成形是指通过在一个要形成开孔的基板上显影刻胶,然后逐个、逐层在光刻胶周围电镀出模板。其优点是提供完美的工艺定位,没有几何形状的限制,改进锡膏的释放;缺点是要设计一个感光工具,电镀工艺不均匀会失去密封效果,密封块可能会去掉。

化学腐蚀和激光切割是制作模板的减去法工艺。化学腐蚀工艺是最老的、使用最广的,激光切割相对较新,而电铸成形模板是最新流行起来的。

2.1.6　刮刀(Squeegee)

刮刀(Squeegee)是一种协助锡膏滚动的工具。按照刮刀材料类型不同,印刷工艺可分为胶刮刀印刷、钢刮刀印刷和捷流头印刷。

胶刮刀印刷:使用材料以聚氨基甲酸酯橡胶为常见,其硬度较小,需设置较高的刮刀压力,印刷时刀锋可能会变形,容易将大焊盘中心的锡膏挖空,常见于胶水印刷。对于锡膏印刷,刮刀一般不采用这种材料。

微课
印刷过程刮刀
动作

钢刮刀印刷:目前应用最广泛的印刷技术。与胶刮刀印刷相比,其主要特点有:

① 解决了胶刮刀的挖掘问题。

② 简化工艺调制。

③ 性能较稳定。

④ 寿命较胶刮刀长。

⑤ 价格较高。

⑥ 容易损坏,需小心处理。

⑦ 适合于各种工艺,通用性很好。

钢刮刀如图 2.5 所示。

捷流头印刷(挤牙膏式):由 DEK 公司首先推出。其主要特点有:

① 密封式对锡膏有利。

② 内部压力增加提升锡膏填充效果。

③ 印刷速度较快。

④ 价格非常昂贵。

⑤ 只改善部分的丝印问题,目前应用不广泛。

图 2.5　钢刮刀

2.1.7　印刷机主要参数

1. 刮刀压力

刮刀压力的改变,对印刷来说影响重大。太小的压力,会导致印制电路板上锡膏量不足;太大的压力,则会导致锡膏印得太薄。一般把刮刀压力设定为 $0.02\ \text{kg}\cdot\text{f/mm}^2$。在理想的刮刀速度及压力下,应该正好把锡膏从模板表面刮干净。另外刮刀的硬度也会影响锡膏的厚薄。太软的刮刀会使锡膏凹陷,所以建议采用较硬的钢刮刀。

2. 印刷厚度

印刷厚度是由模板厚度所决定的,与机器设定和锡膏的特性也有一定的关系。模板厚度是与 IC 脚距密切相关的。印刷厚度的微量调整,经常是通过调节刮刀速度及刮刀压力来实现的。

3. 印刷速度

在印刷过程中,刮刀刮过模板的速度是相当重要的,因为锡膏需要时间滚动并流进模板的孔中,最大印刷速度取决于 PCB 上的最小引脚间距,在进行高精度印刷时(引脚间距≤0.5 mm),印刷速度一般在 20~30 mm/s。

2.1.8　相关名词术语

1. 锡膏

微课
锡膏使用注意
事项

锡膏是 SMT 敷料的一种,是由合金粉末、助焊剂及黏性剂等成分组成的一种膏状的焊料。其工作原理就是通过锡膏在熔化状态下的原子的重新组合,形成新的结晶体,达到焊接的目的。

锡膏根据金属含量分为有铅和无铅两类;根据助焊剂的活性分为有活性锡膏、中性锡膏和无活性锡膏三类;根据熔点温度分为普通锡膏、高温锡膏和低温锡膏(含铋)三类;根据清洗程度分为清洗型和免清洗型两类。

2. 红胶

红胶是 SMT 敷料的一种,其作用是通过高温硬化把元器件粘贴固定在 PCB 表面上。其主要组成包括树脂、固化剂、红色素增韧剂及无机填料等。根据其黏度不同,可以分为点胶和印胶两种方式。

3. 擦拭纸

擦拭纸一般为无尘纸,因为在擦拭过程中不起毛,所以称为无尘纸。

4. MARK 点

微课
钢网 MARK 点
识别

MARK 点是一种标记点,用于对 PCB 到位情况的校正,在模板的同样位置也会出现。根据设备不同,钢网的 MARK 点一般为半刻或者全刻两种。MARK 点的形状有圆形(实心圆形、空心圆形)、三角形、正方形、十字形和双十字形等。

MARK 点的大小指 MARK 点的直径或者边长,一般为 1~2 mm,不会超过 3 mm。根据在 PCB 上的位置不同,可分为整板 MARK 点、拼板 MARK 点和局部 MARK 点三种。

MARK 点的材质包括裸铜、镀锡、镀金。要求镀层均匀,光滑平整。

MARK 点一般放置在 PCB 的对角,距离越大越好。

5. BACK UP PIN

BACK UP PIN,即支撑针,用于支撑 PCB 表面,使 PCB 表面达到平整的程度。

6. 循环时间

循环时间是指一个动作从开始到结束所需要的时间。其因设备而不同,有的设备把一个产品的生产时间称为循环时间,而有的设备则只计算印刷过程中的时间,不把 PCB 的传送时间计算在内。

7. 脱模

印刷好的 PCB 与钢网的离开过程称为脱模,脱模时间和速度对印刷的成形有影响。

任务 2.2　典型印刷机认知

教学课件
任务 2.2

2.2.1　HITACHI NP-04LP 型印刷机设备简介

　　SMT 印刷机厂商主要有美国 MPM 公司、英国 DEK 公司、日本 HITACHI 公司、中国日东公司等,本任务主要以日本 HITACHI 公司的 NP-04LP 型印刷机为例进行介绍。

　　HITACHI NP-04LP 型印刷机的外观如图 1.4 所示,它是一台全视觉系统的网板印刷机。基板由传入导轨传送到印刷工作台,经装夹、视觉校正系统定位、印刷后,由传出导轨传送到下位机。整个过程实现全自动控制。

　　从外观来看,印刷机大致包括输入/输出系统(含鼠标、键盘、显示器)、控制面板、急停开关、信号灯、机身等。其中,控制面板上设有"准备""开始""停止""复位"和"夹紧"几个功能键。印刷机在动作前,必须先按下"准备"键(按下后绿灯亮);模板夹紧的功能键是"夹紧"键,当出现异常报警时,按"复位"键解除报警,然后进行后续操作。信号灯就是印刷机工作状态的指示灯,分为红、黄、蓝三种颜色。红色表示停止状态,设备发生故障时,红色信号灯会不停闪烁,直到错误改正;黄色表示通过模式或设备未进入自动运转模式前的准备状态;绿色表示设备正常运转状态。急停开关是每台机械设备上都要安装的紧急停止开关,它的作用是:当设备出现非正常运转或设备可能对人身造成伤害时,立刻按下急停开关,此时所有机械动作部分断电,设备处于停止状态。故障排除后,将急停开关提起,才可继续进行操作。急停开关处于按下状态时,软件控制部分无法对任何机械动作部分进行控制。

注意

　　在实际工作中,要对设备的任何机械部分进行操作,必须在设备停止的情况下进行,避免设备对人身造成伤害。一旦出现紧急情况,立刻按下设备上的急停开关,以保证人身及设备的安全,请大家牢记!

2.2.2　HITACHI NP-04LP 型印刷机的规格参数

　　HITACHI NP-04LP 型印刷机的规格参数参见表 2.1。

表 2.1　HITACHI NP-04LP 型印刷机的规格参数

适用基板	基板尺寸($L \times W$)/(mm×mm)	最大尺寸:460×360 最小尺寸:50×50
	基板厚度(T)/mm	0.4~3.0
	刮刀	双刮刀交替

续表

印刷钢网尺寸$(L\times W\times H)/(\text{mm}\times\text{mm}\times\text{mm})$	750×750×30 736×736×30 650×550×30
电路板传送高度/mm	900(调整范围:−5～+30)
钢网清洁	卷纸吸附式
空气压力/MPa	0.49 以上
电源	三相 AC 380 V、50/60 Hz、3 kV·A
机器质量/kg	约 1 000
外形尺寸$(L\times W\times H)/(\text{mm}\times\text{mm}\times\text{mm})$ 包括导入/导出传送装置	1 480×1 310×1 500

2.2.3　HITACHI NP-04LP 型印刷机的工作过程

HITACHI NP-04LP 型印刷机是全自动印刷机,其工作过程如下:

上板机将 PCB 投入印刷机导轨→PCB 固定装置将 PCB 固定在指定位置→识别装置对 PCB MARK 点及模板 MARK 点进行识别(处理器对识别装置反馈的信号进行处理,并将相应的参数调整等指令传送到工作台等相应动作部位)→工作台升起,使 PCB 与模板紧密接触→刮刀动作(此时锡膏或者红胶就会从模板开孔处漏到 PCB 表面)→工作台下降→PCB 固定装置松开 PCB→PCB 顺着导轨传出印刷机→当设置自动清洗功能开时,自动清洗装置开始动作,动作完成后回到初始位置,等待上板机投入 PCB 进行下一印刷周期。

2.2.4　HITACHI NP-04LP 型印刷机的自动控制范围

HITACHI NP-04LP 型印刷机的自动控制范围如表 2.2 所示。

表 2.2　HITACHI NP-04LP 型印刷机的自动控制范围

序号	工作流程	运转状况
1	接收基板(传入导轨)	自动运转
2	在印刷工作台上夹紧	
3	由视觉校正系统确认基板位置	
4	印刷	
5	添加锡膏	手动操作
6	更换钢网	
7	传出基板(工作台导轨)	自动运转
8	将基板传送到下位机(传出导轨)	

2.2.5　HITACHI NP-04LP 型印刷机的结构认知

全自动印刷机通常带有光学对中系统，通过对 PCB 和模板上对中标志的识别，实现模板开口与 PCB 焊盘的自动对中，在配有 PCB 装夹系统后，能实现全自动运行。因此，全自动印刷机一般主要由机械系统、光学系统、气路系统、电气及计算机控制系统等部分组成。本节根据表 2.2 所示的 HITACHI NP-04LP 型印刷机自动控制范围，从分析印刷机动作的角度认知其结构。

1. 印刷机的基板传送机构

① 印刷机向上面的设备发出要板信号，PCB 由上面的设备传入印刷机，然后到达工作台，印刷。

② 卸载。印刷完成后，PCB 到达出口处，等待下面的设备的要板信号。

HITACHI NP-04LP 型印刷机的基板传送机构如图 2.6 所示。

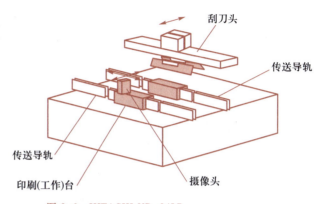

图 2.6　HITACHI NP-04LP 型印刷机的基板传送机构

2. 印刷工作台上的基板夹紧装置（边夹和基板支撑）

印刷工作台上的基板夹紧装置如图 2.7 所示。适当调整压力控制阀，使边夹能够固定基板，通过基板支撑可以防止基板摆动，使基板稳定。通常情况下，边夹装置的压力调整标准为 0.08～0.1 MPa，由于基板无刚性、易弯曲，因此推荐使用真空夹紧装置。

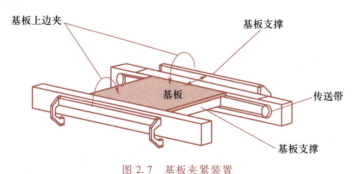

图 2.7　基板夹紧装置

3. 印刷工作台上的基板止挡器

基板止挡器如图 2.8 所示。基板停止位置由印刷条件中的基板尺寸自动设定（传送方向上基板长度的中心位于印刷台的中心）。基板止挡器安装有摄像头（操作边），便于调整。如基板长度的中心有开槽，设置移量进行调整。

在进板和出板处，都有止挡器存在，其作用是让 PCB 到达指定位置。

4. 刮刀

刮刀如图 2.9 所示。适当长度的刮刀固定架有利于锡膏的使用。刮刀固定架的

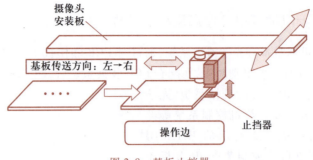

图 2.8   基板止挡器

金属部件与钢网摩擦可能引起不良印刷。标准的刮刀固定架长为 480 mm,视情况还可使用340 mm、380 mm 或 430 mm 的刮刀固定架长。

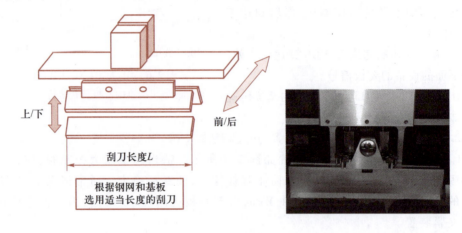

图 2.9   刮刀

刮刀分为前、后两片刮刀,分别用固定螺钉固定在刮刀架上,刮刀可以前后运动,完成敷料的印刷;也可以上下运动,完成刮刀的上下。

刮刀长度的选择与刮刀架和钢网的印刷面积有关,刮刀有 200 mm、250 mm、300 mm、350 mm、400 mm、450 mm、500 mm 等不同长度,设备不同,刮刀的长度也不相同。

5. 滑动式钢网固定装置

滑动式钢网固定装置如图 2.10 所示。松开锁紧杆,调整钢网安装框,可以安装或取出不同尺寸的钢网。安装钢网时,可将钢网放入钢网安装框,抬起一点,轻轻向前滑动,然后锁紧即可将钢网安装成功。钢网允许的最大尺寸是 750 mm×750 mm,当钢网安装架调整到650 mm时,选择合适的锁紧孔锁紧。这是极限位置,超出这个位置,印刷台将发生冲撞。

6. 滚筒式卷纸清洁装置

滚筒式卷纸清洁装置如图 2.11 所示。表 2.3 中所示的八种清洁模式能有效地清洁钢网背面和开孔上的锡膏微粒和助焊剂。装在机器前方的卷纸便于更换、维护。为了保证干净的卷纸清洁钢网并防止卷纸浪费,上部的滚轴由带刹刀的电动机控制。

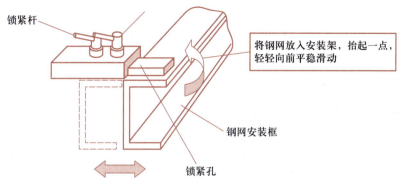

图 2.10　滑动式钢网固定装置

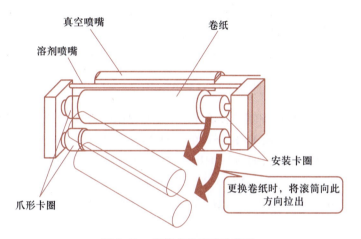

图 2.11　滚筒式卷纸清洁装置

表 2.3　八种清洁模式

清洁模式	干:干式,使用卷纸加真空吸附 湿:湿式,使用溶剂
[1]	干
[2]	干+干
[3]	湿+干
[4]	湿+湿
[5]	干+湿
[6]	干+湿+干
[7]	湿+湿+干+干
[8]	湿+干+干+干

7. 钢网清洁溶剂喷洒装置

溶剂的喷洒量可以通过控制旋钮进行调整。如喷洒量减少,可能是密封圈损坏等原因引起的。

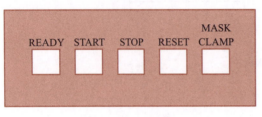

图 2.12   主操作面板

8. 主操作面板

主操作面板如图 2.12 所示。主操作面板控制机器的设置和自动运行。切换每个按钮时指示灯都会亮。

① READY(运行准备):运行准备 ON 时,可以进行回原点、手动和自动运行操作。

② START(开始):开启自动运转时使用。

③ STOP(停止):停止自动运转时使用。

④ RESET(复位):关闭蜂鸣器和复位时使用。

⑤ MASK CLAMP(钢网夹紧):钢网固定时使用。

2.2.6   DEK、MPM 等其他印刷机认知

国内主要使用的 SMT 印刷机,除了日本 HITACHI 公司的 NP-04LP,还有美国 MPM 公司的 MPM3000、英国 DEK 公司的 DEK268、中国日东公司的 SUNEAST-G3 等机型。同日本 HITACHI 公司的 NP-04LP 一样,这些机型的印刷机都采用了高精度的视觉系统,借助图像识别处理功能,实现快速准确的图像对准。同时,通过设定印刷高度、刮刀压力和角度、印刷速度等参数,确保高质量的印刷效果。几种常见印刷机的外形如图 2.13 所示。

(a) MPM3000   (b) DEK268

图 2.13   常见印刷机的外形

教学课件
任务 2.3

任务 2.3   印刷机的操作与编程

全自动印刷机锡膏印刷操作根据印刷机操作作业指导书进行,其主要的操作内容和操作工艺流程如图 2.14 所示。

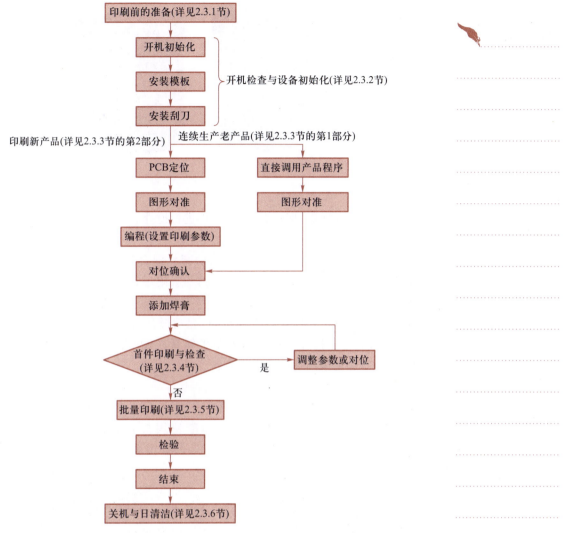

图 2.14　全自动印刷机锡膏印刷操作主要的操作内容和操作工艺流程

本任务以 HITACHI NP-04LP 型印刷机为例,介绍印刷机的操作与编程。

2.3.1　印刷机印刷前的准备

1. 锡膏(焊膏)的准备

（1）锡膏的检查

锡膏的保质期是 6 个月,使用前要检查锡膏的使用日期是否在保质期(见锡膏外包装)内,以及品牌规格是否符合当前生产要求。锡膏包装如图 2.15 所示。

（2）锡膏存储

锡膏需要放在冰箱里冷藏保存,存储温度一般为 0~10 ℃,锡膏的取用遵循先进先出的原则。

（3）记录和回温

生产前,锡膏需要提前从冰箱中取出,应在常温下回温 2~4 h 才可以使用。取出

图 2.15　锡膏包装

的锡膏先备案,然后回温,回温时间到后,再进行搅拌。

（4）锡膏的搅拌

锡膏是由合金焊粉、焊剂载体等组成的膏状混合物,在表面贴装技术中起到粘固元器件,促进焊料湿润,清除氧化物、硫化物和吸附层,保护表面防止再次氧化,形成牢固合金的作用。为保证锡膏充分混合,并具有良好的流动性,应将回温好的锡膏放入锡膏自动搅拌机,开机并设置好搅拌时间,起动搅拌机开始自动搅拌。将搅拌完的锡膏用锡膏搅拌刀手工搅拌并检查,搅拌好的锡膏应成糊状。注意手工搅拌时只能沿同一个方向搅拌,避免来回搅拌产生气泡。

2. 模板准备

模板又称为网板、钢板,它是锡膏印刷的关键工艺之一,用来定量分配锡膏。使用时,要注意检查模板是否为设备标准使用配置的模板、是否与当前生产的 PCB 相一致,还要检查模板的张力、表面是否有污染、有无破损、开孔是否堵塞、外观是否良好等。

3. PCB 检查

检查 PCB 是否在设备规定的加工尺寸范畴内。如 NP-40LP 型印刷机可处理基板的范围是 50×50～460×360（mm×mm）,基板厚度为 0.4～3 mm。当 PCB 尺寸小于 125×100（mm×mm）时,一般建议采用多块 PCB 拼在一起,这样一方面可以提高产品的生产效率,另一方面易于加工。

检查工艺边。在自动化设备的生产过程中,需要留出一定的边缘用于设备夹持。工艺边的宽度一般为 5～10 mm,在这个范围内,不允许有元器件存在。如图 2.16 所示,在 PCB 的工艺边上,一般会有定位孔和 MARK 点存在。定位孔用于迅速准确地定位 PCB,大小一般为（4+0.1）mm。

检查 PCB 无误后,调整周转箱,装入 PCB,准备生产。

2.3.2　开机与设备检查

1. 印刷机开机

NP-04LP 型印刷机开机流程图如图 2.17 所示。

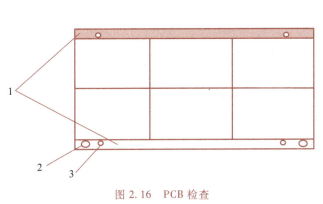

图 2.16　PCB 检查

1—工艺边;2—定位孔;3—MARK 点

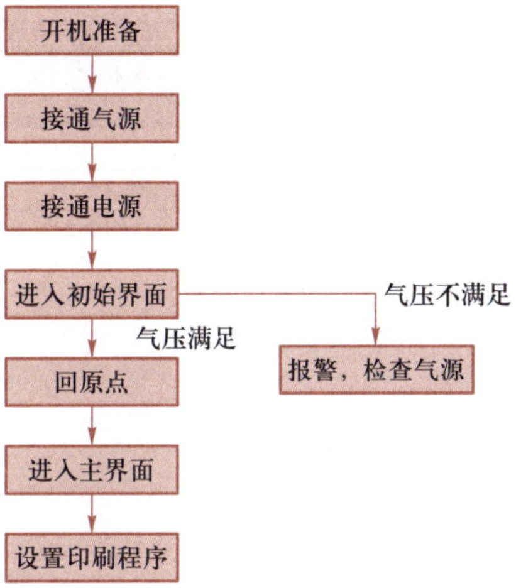

图 2.17　NP-04LP 型印刷机开机流程图

① 打开设备前盖,检查确认印刷机平台及轨道有无障碍物,特别是要检查是否有用来支撑 PCB 的顶针,开机时最好先把顶针拿出来,防止设备回原点时造成撞击、阻碍等故障。

② 打开气源开关,确认各部位空气压力值。各部位空气压力值的正常范围见表 2.4。

表 2.4　各部位空气压力值的正常范围

部位	空气压力/MPa
印刷机主体	0.45~0.5
基板上边夹	0.12~0.15
基板边夹	0.06~0.22

③ 打开电源开关,检查确认印刷工作电压正常。

④ 系统自动加载印刷机应用程序。如果空气压力符合要求,设备进入初始界面,如图 2.18 所示。如果空气压力不符合要求,设备在进入此界面之前会弹出一个对话框,提示"气源供给不正常,设备急停",将提示对话框关闭后,提示"空气压力异常"并显示为红色,而且呈闪烁状态,检查并调整气源,直到气源压力正常时单击"OK"按钮。

初始界面中间部分的"空气压力　适当值　0.5 MPa"表示印刷机气源供给已经达到 0.5 MPa,设备可以进行后续操作。

空气压力值下方的"回原点前,将电路板从传送带上取下。"就是前面所说的要检查印刷机平台及轨道上有无障碍物,这一点大家一定要牢记!

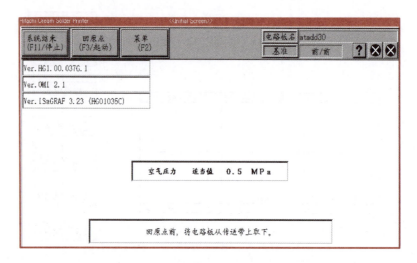

图 2.18   印刷机自动加载初始界面

注意

1. 当气阀打开时,安全盖必须已盖好,手必须离开刮刀部位,因为在空气压力作用下,刮刀有可能向上移动。

2. 在程序自动加载的过程中,不要乱动键盘和鼠标。

2. 设备回原点

加载完成后,在图 2.18 所示的设备初始界面中单击"回原点(F3/起动)"按钮,弹出如图 2.19 所示的对话框。单击"全轴回原点(F1/起动)"按钮,印刷机执行回原点动作,所有的移动轴都将回到原始位置。在回原点过程中会显示回原点界面。

图 2.19   回原点对话框

回原点操作完成后,将出现主界面,如图 2.20 所示,印刷机进入待机状态。

印刷机主界面各区域介绍如下:

① 界面名称:显示界面名称。

② 转换按钮:转换到其他功能界面。

③ 基板名称:显示现在印刷的基板名称。

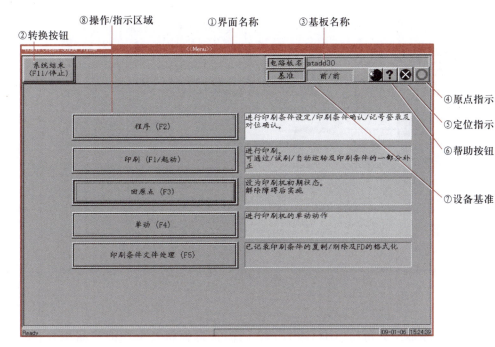

图 2.20 印刷机的主界面

④ 原点指示：⬜表示已回原点；❌表示未回原点。

⑤ 定位指示：⬜表示基板已就位；❌表示基板未就位。

⑥ 帮助按钮：可提供操作说明和帮助菜单。

⑦ 设备基准：显示传送导轨固定边的基准。

⑧ 操作/指示区域：显示操作及指示区域。

3. 模板安装

如果模板检查正常，便可进行安装。打开机盖，按照程序设定的方向，将模板放入安装框，抬起一点轻轻向前滑动，然后按下控制面板上的"夹紧"键，将模板锁紧。在这个过程中，要确保模板能两侧平行地进入安装框。

4. 刮刀安装

① 将刮刀移到前边，方便工作人员操作。

② 将两片刮刀分别安装到刮刀刀架上。拧紧刮刀的安装旋钮，NP–04LP 型印刷机采用刮刀自动平衡装置，基本上不需要进行刮刀左右平衡调整工作。

2.3.3 印刷工作参数的设置与编程

1. 直接调用已有老产品的生产程序

对已印刷过的基板，可直接调用已有老产品的生产程序，进行自动生产。具体步骤如下：

① 在图 2.20 所示的主界面当中，依次单击"程序（F2）""印刷条件设定（F6）"按钮，显示如图 2.21 所示界面。

小贴士

在设备回原点动作的过程中，手最好放在设备急停开关位置周围，注意观察各部位动作是否有异常，同时注意倾听有无异常声音，发现问题及时按下设备的急停开关，避免动作机构继续动作而产生变形或折断。

小贴士

1. 在安装刮刀的过程中，要注意的是在取、放刮刀及生产使用时必须轻拿轻放，防止因剧烈碰撞造成刮刀变形而无法使用。同时在生产、运输、存放过程中要避免有金属硬物碰触、挤压刮刀与印刷接触面，以免损伤刮刀。

2. 检查设备配置的刮刀，其长度是否大于 PCB 印刷方向的长度。正常刮刀长度应该是 PCB 的长度加 10～20 mm。

微课

印刷机的操作

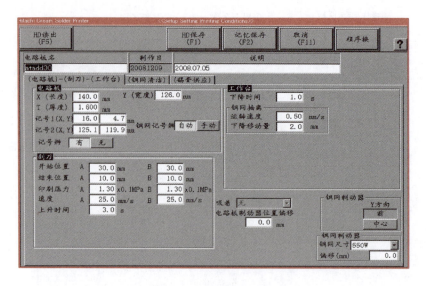

图 2.21   印刷条件设定界面

② 单击屏幕左上角的"HD 读出（F5）"按钮，选择将要生产的产品型号，单击"确认"，然后单击屏幕右上角的"程序换"按钮，如果前面生产的产品与将要生产的产品 PCB 宽度一致，设备就不需要进行轨道宽度调整，如果不一致，则需要进行轨道宽度调整。轨道宽度调整完毕后，印刷机自动进入对位确认模式，界面如图 2.22 所示。

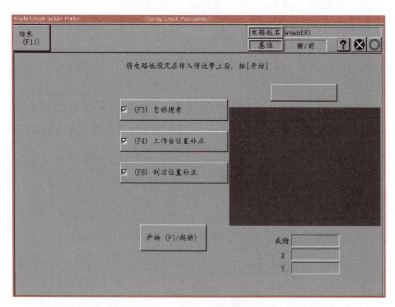

图 2.22   对位确认模式界面

③ 单击屏幕左上角的"结束（F11）"按钮，打开印刷机前盖，在工作台上放上顶针，把将要生产的产品的模板放入印刷机，关上印刷机前盖。然后把将要生产的 PCB 按照

程序要求的投入方向放在印刷机导轨上,单击"开始(F1/起动)"按钮,印刷机自动进行对位确认。

④ 对位确认完毕后,装上刮刀,并将刮刀固定螺钉拧紧。将适量锡膏放到模板上,在图 2.23 所示界面中单击"试刷运转(F5)"按钮,试刷一块 PCB,看看印刷状态是否良好。如果印刷状态良好,单击"自动运转(F1/起动)"按钮,设备进行自动印刷。

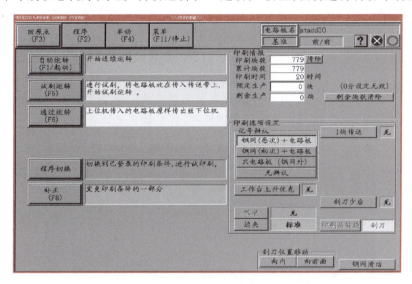

图 2.23　印刷界面

⑤ 如果有印刷不良状态,单击"补正(F8)"按钮,进入图 2.24 所示界面。通过对相应参数进行调整,可以纠正印刷偏移等不良状态。

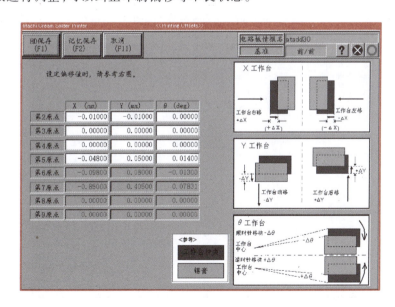

图 2.24　印刷补正界面

2. 印刷机工作参数的设定与调试

对初次印刷的基板,需设定工作参数。印刷机工作参数的设定流程如图2.25所示。

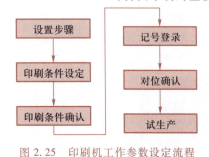

图2.25　印刷机工作参数设定流程

印刷机开机回原点后进入图2.20所示的主界面,在主界面中单击"程序(F2)"按钮,显示图2.26所示的印刷参数设定窗口。在该窗口中可以看到一个流程,印刷条件设定→印刷条件确认→记号登录→对位确认,这就是接下来编程要完成的工作。

(1)印刷条件设定

在图2.26所示的印刷参数设定窗口中单击"印刷条件设定(F6)"按钮,系统进入图2.27所示的印刷条件设定窗口。

该窗口中包括各种参数设置。主要参数项有电路板、刮刀、工作台、真空装夹装置、钢网清洁和锡膏供应等,各参数含义如表2.5所示。

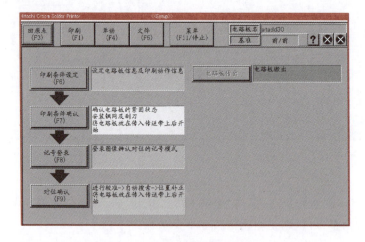

图2.26　印刷参数设定窗口

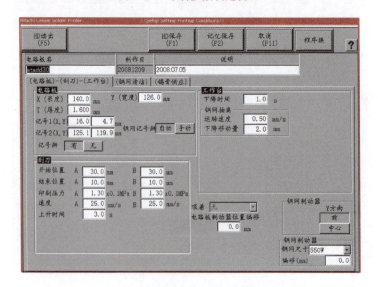

图2.27　印刷条件设定窗口

表 2.5　印刷参数含义

项目	参数	功能
电路板	X（长度）	基板流向方向尺寸（X 轴方向尺寸）
	Y（宽度）	与基板流向成 90°方向尺寸（Y 轴方向尺寸）
	T（厚度）	基板厚度
	记号 1（X,Y）	记号 1 的 X 轴、Y 轴位置（从基板左下角起）
	记号 2（X,Y）	记号 2 的 X 轴、Y 轴位置（从基板左下角起）
	记号辨	辨认定位有/无
刮刀	开始位置 A、B	刮刀 A 和 B 开始所处位置
	结束位置 A、B	刮刀 A 和 B 结束所处位置
	印刷压力 A、B	刮刀 A 和 B 的印刷压力
	速度 A、B	刮刀 A 和 B 的印刷速度
	上升延迟时间	刮刀移动后至上升的等待时间
工作台	下降延迟时间	工作台从开始下降到最低点所使用的时间
	钢网抽离的运转速度	离网时的平均速度
	钢网抽离的下降移动量	离网时的运动距离
真空装夹装置	有/无真空吸附	有/无真空装夹装置
钢网清洁	清洁间隔	钢网清洁间隔时间由印刷基板数量而定
	模式 1、2	清洁反复次数。循环模式的一种模式达到设置的反复次数后,转到另一种模式进行清洁
	跟前位置	清洁区近边位置
	内位置	清洁区远边位置
	移动速度	清洁速度
锡膏供应	印刷机没有锡膏添加装置	间隔时间	锡膏添加间隔时间由印刷数量决定

续表

项目	参数	功能
锡膏供应	印刷机有锡膏添加装置	模式	自动/手动转换 自动:锡膏自动添加时,蜂鸣器鸣响 手动:需要手动添加锡膏时,蜂鸣器鸣响
		间隔时间	锡膏添加间隔时间由印刷基板个数而定
		添加位置	锡膏添加位置
		锡膏添加器移动开始的延迟时间	锡膏添加开始后,至锡膏添加器开始移动的等待时间
		锡膏添加器回原点的延迟时间	锡膏添加停止后,至锡膏添加器回原点的等待时间

下面以如图 2.28 所示的手机充电器产品基板作为载体,介绍印刷机印刷条件设定的详细步骤。

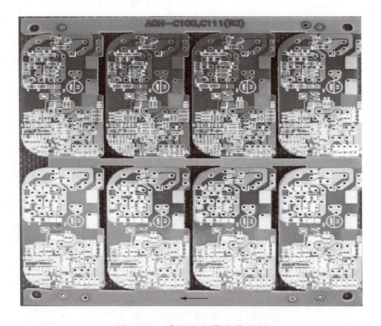

图 2.28   手机充电器产品基板

① 输入电路板名

在"电路板名"文本框里,输入 atadd30(一般以电路板上或者产品明细表上标注的名称命名)。在"说明"文本框里,除了标注程序制作时间外,还可以标注产品版本号及其他说明,主要是为了区分产品,防止发生混淆。

② 电路板参数设定

◇ 输入 PCB 尺寸

在"电路板"栏里,输入电路板的长、宽、厚等参数,单位是 mm。

◇　MARK 点参数设定

记号 1、记号 2 是指印刷机用来识别 PCB 的标记点即 MARK 点,它是以坐标的形式出现的。以 PCB 左下角为原点(0,0),量出两个标记点的中心到基板左下角点的位移坐标即可。在图 2.28 中,PCB 的每个角都有一个印刷的裸铜圆形标记,这就是标记点。对角选取两个标记点。输入标记点的坐标。"记号辨"默认设为"有",通常都不需要更改。

③　刮刀参数设定

◇　刮刀行程设定

在"刮刀"栏里,刮刀的"开始位置"和"结束位置"是印刷机根据"电路板"栏里输入的"Y(宽度)"自动计算出来的,通常情况下不需要改动。如果出现刮刀行程不能印刷到整个电路板的情况,那么将相应的"开始位置"和"结束位置"数值更改一下即可。

◇　刮刀压力设定

刮刀压力指的是刮刀在运动时施加在锡膏上使其滚动的力,即通常所说的印刷压力,印刷压力不足时会引起锡膏刮不干净,印刷压力过大又会导致模板背后的渗漏。

A、B 为前后两个刮刀,是独立设置的。印刷压力通常设置为默认的 1.3×0.1 MPa即可,如果后面的印刷过程中出现了不良状态,再根据情况适当做调整。A、B 刮刀的印刷压力通常设置为一致,若印刷过程中出现前后刮刀印刷厚度不一致的情况,再根据情况做相应调整。理想的刮刀速度与压力应该以正好把锡膏从钢板表面刮干净为准。

◇　刮刀速度设定

刮刀速度快,锡膏所受的力也变大。但如果刮刀速度过快,则锡膏不能滚动而仅在印刷模板上滑动,而锡膏流进窗口需要时间,这一点在印刷细间距 QFP 图形时能明显感觉到。当刮刀沿 QFP 一侧运行时,垂直于刮刀的焊盘上的锡膏图形比另一侧要饱满,故有的印刷机具有刮刀旋转 45°的功能,以保证细间距 QFP 印刷时四面锡膏量均匀。最大的印刷速度应保证 QFP 焊盘锡膏印刷纵横方向均匀、饱满,通常当刮刀速度控制在 20~40 mm/s 时,印刷效果最好。有窄间距、高密度图形时,速度可以慢一些。

◇　刮刀上升延迟时间设定

刮刀上升延迟时间是指刮刀移动印刷完毕后,到抬起上升的等待时间,通常设置为2~3 s。注:机器界面上的翻译是"刮刀上升时间",实际应翻译为"刮刀上升延迟时间"。

④　工作台参数设定

◇　工作台下降延迟时间设定

"工作台"栏里的"下降时间"实际上应翻译为"下降延迟时间",是指印刷完毕后,工作台从顶端模板处下降到底端,减去中间钢网抽离的时间,通常设置为 1~2 s。

◇　钢网抽离的运转速度设定

钢网抽离的运转速度是指印刷完毕后,工作台从模板往下降的分离速度,也称离网速度,它控制 PCB 和模板在印刷后的脱模。该参数的设计有助于锡膏从开口中脱模成形。离网速度过慢,脱模后网板反面易出现污垢,PCB 上锡膏过多堆积;离网速度过快,会产生拉尖、堵塞网孔以及锡膏覆盖效果差等问题。离网速度通常设置为 0.5 ~ 0.8 mm/s。

锡膏印刷离网后状态如图 2.29 所示。

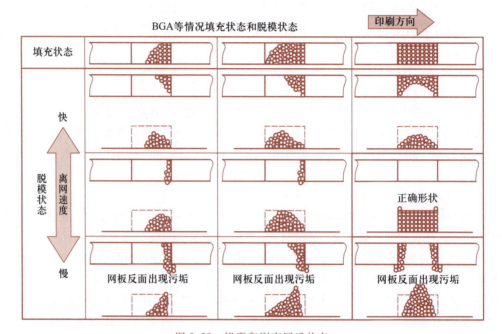

图 2.29　锡膏印刷离网后状态

◇　下降移动量设定

下降移动量是指工作台以 0.5 ~ 0.8 mm/s 的运转速度往下降时需要下降的距离,通常设置为 1 ~ 3 mm。

通常情况下,印刷压力、印刷速度、离网速度、清洗次数与方法等参数,在设备安装调试时已设定完毕,原则上这些参数采用默认值,不需调整。

⑤ 钢网自动清洗参数设定

在图 2.27 所示的印刷条件设定窗口中,选择"钢网清洁"选项卡,就会进入图 2.30 所示的自动清洗功能参数设置窗口。

◇　清洁间隔的设定

清洁间隔指的是相邻两次自动清洁之间的 PCB 数量。设置参数主要取决于钢板开口的质量、印刷机对中精度和可重复性、PCB 表面光洁度质量、印刷压力、刮刀类型、锡膏黏度、环境条件等因素。应定期清洁模板,彻底除去底部残留物,否则这些残留物会变干并结块,不利于清洗。

窄间距时最多可设置为每印 1 块 PCB 清洁一次,无窄间距时可设置为 20、50 块等,也可以设置为"0"即不清洗,以保证印刷质量为准。

◇　模式设定

"模式 1"和"模式 2"里的"周期模式"有三种模式可以选择,分别是:干式、湿式+

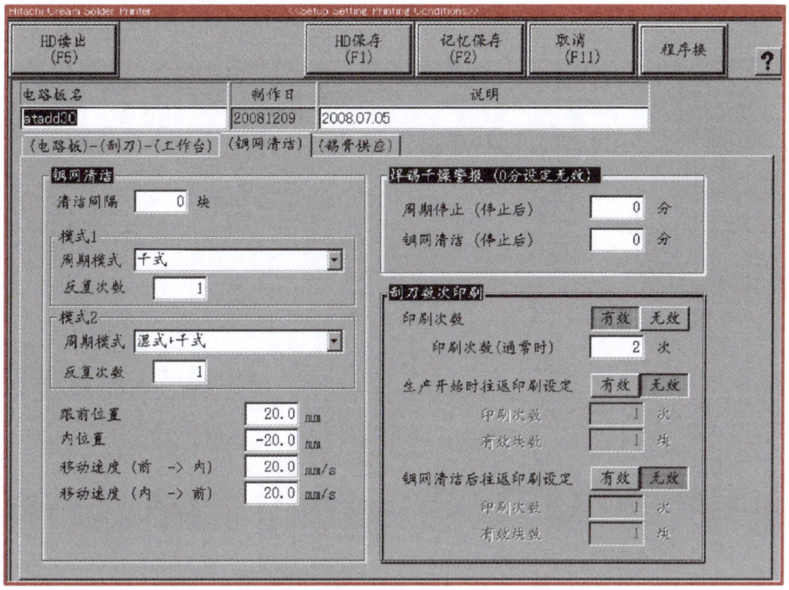

图 2.30　自动清洗功能参数设置窗口

干式、湿式+真空+干式。干式就是用擦拭纸直接擦拭;湿式+干式就是先把酒精喷洒到擦拭纸上进行一个擦拭周期,然后再用干的擦拭纸再进行一个擦拭周期;湿式+真空+干式就是先把酒精喷洒到擦拭纸上进行一个擦拭周期,然后再通过真空泵产生真空,用干的擦拭纸进行一个擦拭周期,把模板下面的锡膏、板屑等异物吸附到擦拭纸上,最后再用干的擦拭纸进行一个擦拭周期。生产中可以根据产品印刷情况灵活设置。"跟前位置"及"内位置"是指擦拭纸的行程。

◇ 刮刀数次印刷设定

在"刮刀数次印刷"栏里,设置印刷次数是经常会用到的功能,特别是在红胶印刷工艺中的应用尤其广泛。当印刷到 PCB 上的红胶胶量整体不足时,可以把"印刷次数(通常时)"改为 2 次,并设置"印刷次数"有效。

⑥ 设备宽度确定

参数设置好了之后,打开机器前盖,把 PCB 放到轨道上试试宽度是否合适(轨道与 PCB 留有 0.5~0.8 mm 的间隙),如果不合适,应修改"电路板"栏里的"Y(宽度)"参数。注意电路板宽度发生变化时,设备宽度会自动调节,此时会有对话框提示,注意关闭机器前盖,然后才能执行宽度调节动作。

⑦ 支撑顶针安装

设备宽度调整好后,将 PCB 放入印刷工作台轨道上,然后进行支撑 PIN 的设定,支撑 PIN 应均匀分布于 PCB 的下方,保证 PCB 夹紧后表面平整,无塌陷或翘起。

⑧ 印刷条件参数保存

单击图 2.27 所示的印刷条件设定窗口上方中间部位的"HD 保存(F1)"按钮,返回到图 2.26 所示的印刷参数设定窗口。

(2)印刷条件确认

这一步主要是确认基板夹紧状况、PCB 定位和设定钢网与刮刀。

单击图2.26所示窗口上方的"单动（F4）"按钮，进入图2.31所示的窗口。

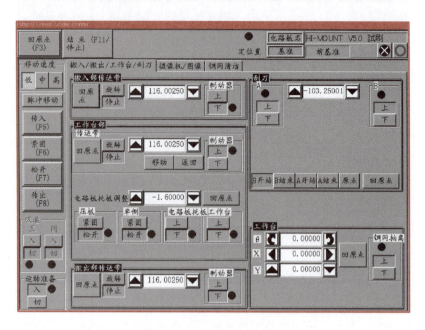

图2.31 印刷机"单动"窗口

① 确认基板夹紧状况

关闭机器前盖，将 PCB 从前面放到印刷机导轨上，然后单击图2.31所示窗口中的"传入（F5）"按钮，PCB 传入印刷机指定位置。接着单击"紧固（F6）"按钮，PCB 被夹紧，打开机器前盖，用手稍用力下压，观察有无塌陷或翘起。接下来依次单击"松开（F7）""传出（F8）"按钮，将电路板传出印刷机。最后单击"结束（F11/停止）"按钮，返回图2.26所示的窗口。

② MARK 点对位

HITACHI NP-04LP 型印刷机模板安装是在基板参数设置之后，先进行基板MARK 点寻找，再安装模板，使模板 MARK 点与基板 MARK 点对准。

在图2.26所示窗口中单击"印刷条件确认（F7）"按钮，进入图2.32所示的窗口。

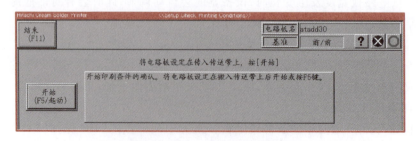

图2.32 印刷条件确认窗口

◇　基板 MARK 点寻找

将 PCB 从前面放到印刷机导轨上,然后单击
"开始(F5/起动)"按钮,PCB 传入印刷机进行对
位确认。对位确认时注意观察屏幕上 PCB 两个
标记点的位置,如图 2.33 所示。标记显示位置应
该尽量位于中心点,否则单击"Cancel(F2)"按
钮,返回印刷条件设定窗口,重新修改标记点坐
标。标记显示位置位于中心点时,单击"OK
(F1)"按钮,屏幕将显示为钢网标记。

◇　模板 MARK 点与基板 MARK 点对准

打开机器前盖放入模板,并调整其位置,使
PCB 对应钢网的两个标记点也尽量位于中心点,
然后夹紧模板关闭机器前盖,单击"确认"按钮,
印刷机将切换到安装刮刀界面,装上刮刀并将螺

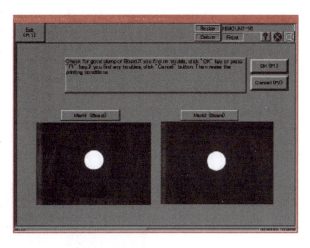

图 2.33　标记点确认界面

钉拧紧,单击"确认"按钮,界面将切换到设置窗口,PCB 将被传送出去,从导轨上把
PCB 拿开,完成操作。

(3) 记号登录

记号登录指的是当使用新的印刷条件时,需登录定位记号或变更记号。

在图 2.26 所示的印刷参数设定窗口中单击"记号登录(F8)"按钮,出现图 2.34 所
示窗口。

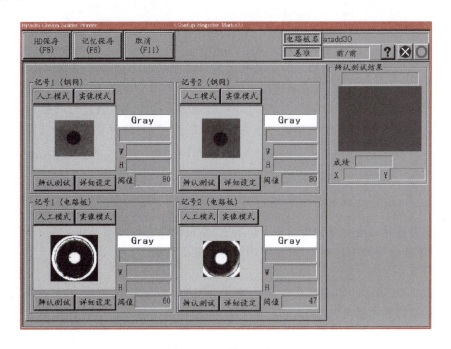

图 2.34　记号登录窗口

单击"实像模式"按钮,PCB 及模板的实际图像将会出现在屏幕上。用鼠标拖动截

取框,将标记点的圆圈框起来,然后单击"HD 保存(F5)"按钮。PCB 与模板的标记点保存完成后,单击"辨认测试"按钮,观察窗口右边,辨认成绩是否合格。合格后单击"HD 保存(F5)"按钮,返回到图 2.26 所示的印刷参数设定窗口。

（4）对位确认

对位确认指的是印刷前的调整。更改设置或调整网板时,网板和基板的位置必须重新确认。

将 PCB 传入印刷轨道,此时 PCB 与模板之间通常保持在"零距离"。在图 2.26 所示的印刷参数设定窗口中单击"对位确认(F9)"按钮,出现图 2.35 所示窗口。

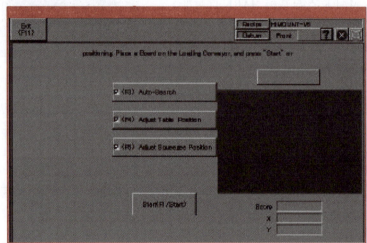

图 2.35　对位确认窗口

选择自动搜索,印刷机摄像头会对刚才编辑的标记点进行识别,识别通过后,印刷机进行工作台位置补正。如果需要校正模板开孔与 PCB 焊盘的偏差,可以根据屏幕弹出来的方向按钮,进行相应偏移量调整(还可以通过直接输入数值进行调整)。调整完毕后单击确认按钮,进入刮刀位置补正界面,可以进行刮刀位置补正。单击保存按钮,退出对位确认,PCB 将被传出,拿走 PCB,完成操作。

2.3.4　首件印刷与检查

1. 添加适量锡膏

用锡膏搅拌刀取适量锡膏涂覆在模板上,涂覆时注意一定要涂覆在刮刀印刷区域内,并且不能涂覆到模板开孔处,避免印刷时造成不良状态。

2. 试印刷

在图 2.20 所示的印刷机主界面中,单击"印刷(F1/起动)"按钮,在弹出的图 2.23 所示的印刷界面中单击"试刷运转(F5)"按钮,根据锡膏添加位置选择由 A 或 B 刮刀开始印刷。印刷过程中注意观察印刷状态,保证模板上的锡膏能刮除干净,使模板的每个开孔都能漏印足够量的锡膏。

3. 首件检查并调整参数

印刷完成的首件 PCB,必须认真确认印刷质量是否良好。如果有瑕疵,应调整印刷压力参数,然后再进行试印刷,并重新检查,直到效果令人满意为止。印刷参数条件调整流程图如图 2.36 所示。

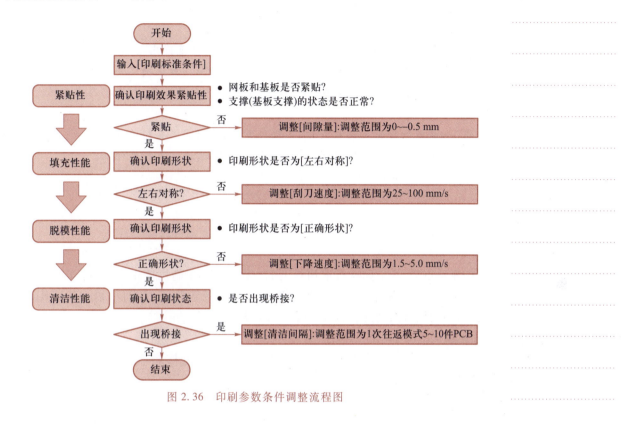

图 2.36　印刷参数条件调整流程图

2.3.5　批量印刷与检查

1. 批量印刷

试印刷确认质量良好后,选择"连续印刷"模式,印刷机开始进行批量印刷。

2. 质量检查

对于机器刚开始印刷完成的前几件,一定要检查印刷效果,看是否存在连锡、少锡等不良现象。还要测试锡膏的厚度,看是否满足印刷厚度标准。在正常生产后每间隔一段时间要抽检一定数量的产品,检查其质量并做好记录;要定时测量锡膏的印刷厚度,检查是否需要添加敷料。另外,要检查清洗系统是否运行正常。如果发现不良品或超出标准,要立即通知相应的技术人员。

注意

1. 在机器执行自动清洗时,目视检查钢网清洁机构能否接触到清洗部分,如果不能,及时通知工程师处理。

2. 在机器运行过程中不要打开安全盖。

3. 在机器运行过程中或处于等待进板状态下，不能手动推板进入机器，不能将手伸到机器内。

4. 不可以两人同时操作机器。

5. 在转动机器的显示器时，必须确定显示器活动范围内无人或其他物体。

6. 在打开或关闭机器的安全盖时，不要用力过猛，防止损坏安全盖。

7. 需要在机器内部操作时，必须印刷完机器内部的板后，打开机器安全盖，才能操作。

8. 如机器故障需要关机处理，关机再开机，时间间隔要超过 30 s。

9. 如机器运行有异常情况，立即按下急停开关，通知工程师处理。

2 虚拟仿真
印刷机关机

2.3.6　关机与日清洁

1. 关机

印刷结束后，按下印刷机前面板上的"停止"键，印刷机停止工作，打开机器前盖，将刮刀卸下，对印刷机关机。关机的流程和开机的流程正好相反，以 HITACHI NP-04LP 型印刷机为例，关机流程图如图 2.37 所示。

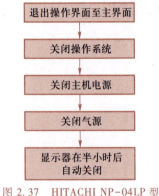

图 2.37　HITACHI NP-04LP 型
印刷机关机流程图

退出操作界面至主界面

关闭操作系统

关闭主机电源

关闭气源

显示器在半小时后
自动关闭

2. 日清洁

设备关机后，要进行日清洁，包括剩余锡膏的处理、钢网清洗等。

（1）剩余锡膏的处理

印刷结束后，没有用完的锡膏要回收。用刮刀将剩余锡膏刮入空的锡膏瓶中，符合再次使用条件的，经过备案后放入冰箱中保存，下次印刷时取新锡膏以 1∶1 比例混合搅拌均匀再使用。否则做报废处理，并交相应部门。

（2）退出并清洁钢网

设备关机后，及时清洗钢网。用刷子蘸取清洗液对模板上的敷料进行清洗，如果有自动清洗装置，放入自动清洗装置进行清洗，如果没有，手工清洗。清洗完成后，必须用气枪对模板孔进行清洁，在放大镜下检查，保证所有模板开孔无阻塞。检查无误后，放入相应位置。

（3）清洁刮刀上锡膏

生产结束后，刮刀需要人工清洗。使用专用清洗剂，用清洁刷、清洁纸、棉布、气枪进行清洗。清洗之后的刮刀表面应干净、整洁，无任何锡膏（红胶）残渣和其他杂质，尤其是刮刀与钢网的接触面，需在放大镜下检查合格后，方可安装、放置。

（4）操作桌面整理和设备内外部清洁

对设备的轨道和生产用的其他工具进行清理，检查工作台上是否有异物，如果有，用吸尘器对其进行清洁，用抹布对设备表面进行清洁。

【生产应用案例 1】——HITACHI NP-04LP 型印刷机操作作业

HITACHI NP-04LP 型印刷机操作作业指导书如表 2.6 所示。

表 2.6　HITACHI NP-04LP 型印刷机操作作业指导书

作业名称	印刷机操作	型号	NP-04LP	工时/s		总 1 页	第 1 页
作业内容							
1. 目的:规范印刷机操作流程							
2. 适用范围:本印刷机操作流程适用本公司生产之用							
3. 权责:负责印刷机操作							
4. 操作内容							
4.1　开机前,必须对机器进行检查							
4.1.1　检查 UPS、稳压器、电源[220 V(1±10%)]、空气压力(0.39 MPa)是否正常							
4.1.2　检查急停开关是否被切断							
4.1.3　检查 X、Y Table 上及周围部位有无异物放置							
4.2　开机步骤							
4.2.1　合上电源开关,待机器启动后,进入机器主界面							
4.2.2　单击"回原点(F3/起动)"按钮,执行原点复位							
4.2.3　编制(调用)生产程序							
4.2.4　程序完成后,试生产							
4.2.5　试生产完成后,转入连续生产							
4.3　关机步骤							
4.3.1　生产结束后,退出程序							
4.3.2　将刮刀移至前端							
4.3.3　推出钢网,卸下刮刀							
4.3.4　单击"系统结束(F11/停止)"按钮,关闭主电源开关							
4.4　进行机器保养清洁,清洁刮刀上锡膏,清洁钢网上锡膏							
5. 注意事项							
5.1　操作员需经考核合格后,方可上机操作,严禁两人或两人以上同时操作同一台机器							

续表

5.2   作业人员每天须清洁机身及工作区域

5.3   机器正常运作生产时,所有防护门盖严禁打开

5.4   实施日保养后须填写保养记录表

作业标准			序号	工具名称	序号	辅料名称
1			1	印刷机	1	静电手套
2			2		2	
项目		用量	3		3	
版本	日期	更改内容				
0	首次发行		准备者	审核者		批准者
				生产	品质	工程	

【生产应用案例 2】——HITACHI NP-04LP 型印刷机印刷工艺作业

锡膏全自动印刷工艺作业指导书如表 2.7 所示。

表 2.7   锡膏全自动印刷工艺作业指导书

作业名称	锡膏全自动印刷作业	型号	NP-04LP	工时/s		总 1 页	第 1 页

作业内容

1. 目的:提高印刷质量,确保炉后产品的焊接质量

2. 适用范围:适用于本公司锡膏全自动印刷工艺

3. 权责:负责印刷设备的正确使用、清洁和保养;负责印刷质量的监督和技术指导

4. 作业步骤

4.1   印刷锡膏作业前确认:程序软件名称、锡膏类型、PCB、钢网

4.1.1   程序名称是否为当前生产机种,版本是否正确

4.1.2   锡膏型号:锡膏 P/N:NCR63-P22-1;保存条件:2~10 ℃;密封,出厂后 6 个月

解冻要求:室温条件下解冻 3~4 h;出冰箱后 24 h 之内用完

4.1.3   PCB 是否用错,有无不良现象

续表

4.1.4　使用钢网型号是否正确,钢网使用状态是否良好

4.1.5　锡膏搅拌:①机器搅拌:时间为 3~4 min。②人工搅拌:顺时针匀速搅拌,搅拌过的锡膏必须表面细腻,用搅刀挑起锡膏,锡膏可匀速落下且长度保持 5 cm 左右

4.2　添加锡膏

4.2.1　加锡膏量:①首次加锡:500 g。②生产过程中加锡:每小时加一次,约 100 g 左右,每次加锡膏后填写"加锡膏登记表"

4.2.2　加锡膏后的处理:每半小时必须对外溢的锡膏进行收拢

4.3　钢网和刮刀的清洁:清洗频率:每 12 h 一次;清洗模式:湿+干。清洗后在"钢网、刮刀清洁记录表"中作相应记录

4.4　NP-04LP 参数设定:前后刮刀压力为 5~10.5 gf/mm^2;擦网频率为 1 次/10 PANEL;刮锡膏速度为 10~20 mm/s;分离速度为 0.3~0.5 mm/s;印刷间隙为 0 mm;分离距离为 0.8~3 mm

4.5　注意事项

4.5.1　作业前准备好必要的辅料用具:锡膏、酒精、风枪、无尘纸及白碎布,戴好静电带

4.5.2　当不使用机器自动擦网或机器擦网出现异常或擦网效果不好时,必须手擦,手擦钢网频率为 1 次/15 块 PCB。手擦网后在"人工清洗钢网记录表"中记录时间及次数,并签名

4.5.3　对于失效、过期的锡膏必须交工艺工程师确认后作报废处理

4.5.4　每次擦网重点检查 IC 位置钢网开口处擦网效果

4.5.5　如果出现异常情况时,堆板时间不超过 2 h,否则对其用超声波进行清洗后,方可投线使用

4.5.6　印刷参数监控:每班四次,并填写"印刷机参数监控表",出现异常实时知会工艺工程师解决

作业标准			序号	工具名称	序号	辅料名称
1			1	风枪	1	酒精
2			2	锡膏回收刀	2	无尘纸
项目	物料编号	用量	3	锡膏搅拌机	3	白碎布
1		1	4	钢网	4	锡膏

版本	日期	更改内容		准备者	审核者			批准者
					生产	品质	工程	
0		首次发行						
1			签名/日期					

【生产应用案例 3】——印刷机程序管理作业

印刷机程序管理作业指导书如表 2.8 所示。

表 2.8　印刷机程序管理作业指导书

文件编号	印刷机程序管理作业指导书			拟制	审核	批准
适用工程	丝印机					
适用产品	全型号产品	版次	A/O	页码	实施日期	

1. 新程序管理

（1）编写程序

编制方式可选择在线编写，也可离线进行。主要对以下项目进行编写设置：

a. PCB 信息：长度、宽度、厚度、拼板数等。

b. MARK 点信息：X 坐标、Y 坐标、尺寸、形状、反光属性、反光亮度等。

c. PCB 原点信息：X 坐标、Y 坐标。

d. 印刷信息：刮刀压力、刮刀速度、刮刀下降高度、脱模距离、脱模速度、单板刷印次数等。

（2）试印刷、首件确认

试印一张 PCB，操作员、技术员核对确认有无偏移、少胶/锡、多胶/锡、拉丝、短路等不良现象。

（3）无误后，开始连续生产。

确认无误时对程序继续确认，记录问题。

（4）备份程序

程序满足生产最佳需求时，在计算机上做备份管理。

（5）问题整理

生产、技术部门将编程、印刷过程中的问题汇总记录，通报相关部门协调改善。

2. 程序日常管理

程序的日常管理主要针对印刷发生不良现象时对程序的调试。

① PCB 焊盘的尺寸、相对位置等发生偏差时，对配件的点胶坐标进行适当调整。

② MARK 点形状、尺寸、反光度等发生变化时，调整对应参数，使之满足机器识别需要。

③ 停机后生产时印刷不稳定，应及时调整印刷参数。

④ 印刷参数（印刷速度、印刷压力等）调整后，可适当做程序备份。

3. 程序变更管理

（1）修改程序

修改程序时注意对程序各版本升级，在程序名称后加入 A、B、…做好程序版本的变更记录。

（2）程序调试、确认

技术员对程序进行在线调试，重新确认印刷有无不良状态。

（3）备份程序

程序满足生产最佳需求时，在计算机上做备份管理。

重点管理事项			使用工具及设备	支持性文件	
按照管理要求对程序进行管理			丝印机		

软件变更记录				变更记录
版次	变更日	变更内容		

任务 2.4　印刷机维护

教学课件
任务 2.4

稳定可靠的制造工艺需要对影响最终产品的全部变量进行鉴别和控制,发生在 SMT 印刷终端的所有缺陷都与工艺过程、设备及设置有关。造成缺陷的原因除了过程参数设置不当、超控之外,由于印刷设备状态不良导致的缺陷占据了相当大的比例。快速跟踪造成缺陷的原因,及时根据设备操作手册、维护手册进行检修和故障排除,行之有效地改善设备运行状态,可以提高印刷质量与生产效率,降低生产停工时间。

2.4.1　保养工具、材料及注意事项

机器维护保养时,常用的工具和材料包括无尘布、乙醇清洁液、真空吸尘器、六角扳手、润滑油、注油器、风枪等,如图 2.38 所示。为保证安全,机器维护保养时,必须切断设备电源,设备处于停机状态,维护时应佩戴橡胶手套,防止油污对皮肤造成损伤。

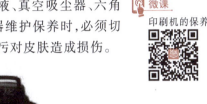

微课
印刷机的保养

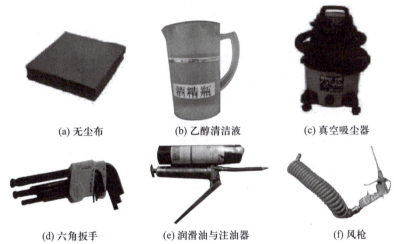

(a) 无尘布　　(b) 乙醇清洁液　　(c) 真空吸尘器

(d) 六角扳手　　(e) 润滑油与注油器　　(f) 风枪

图 2.38　常用的保养工具与材料

2.4.2　印刷机的日常检查与保养

为确保印刷机一直处于最佳的运转条件,将印刷缺陷降到最低,生产人员需严格按照日常保养表与定期保养表进行设备维护,其维护过程可参照保养表与保养部位图示进行。日常检查与保养表如表 2.9 所示。

表 2.9　日常检查与保养表

序号	检查项目	检查内容	处理方法	检查、保养周期	
				起动	设置
1	空压系统	适当的气压	调整阀门使气压等于 0.45 MPa	●	

续表

序号	检查项目	检查内容	处理方法	检查、保养周期	
				起动	设置
2	印刷工作台	无刮伤、无裂痕、无脏物	清洁	●	●
		查看支撑顶针安装孔是否堵塞	及时疏通堵塞安装孔,防止溅落锡膏固化	●	●
3	钢网固定架	正常的钢网固定动作,滑板部位锁紧	确认锁紧	●	●
4	刮刀/刮刀固定架	无刮伤、无裂痕、无残余	研磨、更换、清洁	●	●
5	钢网清洁装置	检查清洁剂和卷纸的数量	需要的时候装满溶剂或更换卷纸	●	●
6	传送导轨	检查导轨有无锈蚀	使用除锈溶剂进行清理	●	
		确认传送导轨、丝杠润滑状态,有无锡膏、红胶溅落的污垢	清洁后使用匹配型号润滑脂进行涂抹	●	
		柔性联轴节是否松动有间隙	间隙过大影响传动时拧紧	●	
		确认传送带的运行状态	调整张紧装置,如传送带脱离,请修复	●	

1. 气源压力调整

印刷机开始使用时,检查总气压表是否指示为 0.5 MPa 以上,如果不符合要求,调整调压阀,使气压表达到要求。调整时,将压力表下方的黑色调节阀向外拉一下,然后顺时针调节使其压力增大,达到 0.5 MPa 以上后,按下调节阀,使其锁紧。气源压力调整示意图如图 2.39 所示。

2. 印刷工作台检查清洁

印刷工作台应无刮伤、无裂痕、无脏物;查看支撑顶针安装孔是否堵塞,及时疏通堵塞安装孔,防止溅落锡膏固化。印刷工作台如图 2.40 所示。

3. 钢网支撑框架锁紧

印刷机开始使用和更换新品时,必须检查钢网支撑框架滑板部位是否锁紧,如果没有锁紧,用手将其锁紧装置锁紧,再用手推动支撑框,进行确认。钢网支撑框架锁紧示意图如图 2.41 所示。

4. 刮刀清洁与更换

（1）刮刀清洁

印刷机开始使用和更换新品时,检查刮刀有无伤痕、污迹及是否沾有锡膏,如果不

图 2.39　气源压力调整示意图

图 2.40　印刷工作台

符合要求,用无尘清洁布擦拭刮刀,保证刮刀清洁。如发现刮刀损坏或变形,应对刮刀刀片进行更换。刮刀示意图如图 2.42 所示。

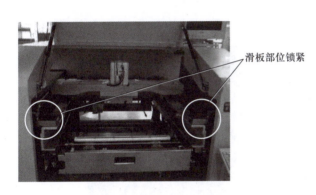

图 2.41　钢网支撑框架锁紧示意图

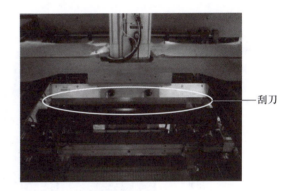

图 2.42　刮刀示意图

（2）刮刀更换

拆除刮刀挡板:(橡胶)刮刀长时间使用后,会出现橡胶刀刃的磨损。刀刃更换时,首先将刮刀平放,拆除挡板上的固定螺钉,卸下挡板,如图 2.43 所示。

取下橡胶刮板:松动刮刀支架,取下橡胶刮板。对整体(挡板和刮刀支架)进行清洁保养。由于红胶长时间残留在刮板与刮刀支架的间隙内,导致红胶凝固,必须用刀片对残留红胶进行刮除,然后用无尘纸擦净,如图 2.44 所示。

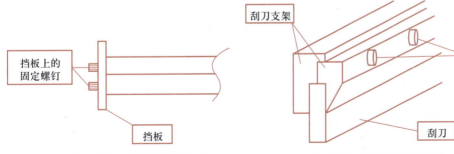

图 2.43　刮刀支架示意图(从上方看)　　　图 2.44　刮刀取下示意图

完成刮板的更换操作:清洁完成后,将刮刀刮板安装回原位,将挡板按照正确的方向安装到位,保证螺孔一一对应。

拧紧固定螺钉:将固定螺钉一一拧上,然后用内六角扳手将螺钉锁紧,锁紧时应避免刮刀刮板位置发生移动造成的刮板变形,如图 2.45 所示。

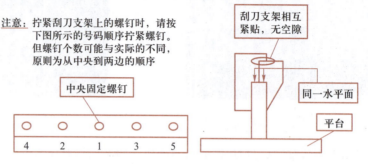

图 2.45　拧紧固定螺钉示意图

5. 钢网清洁装置检查

检查清洁剂和卷纸的数量,需要的时候装满溶剂或更换卷纸,如图 2.46 所示。

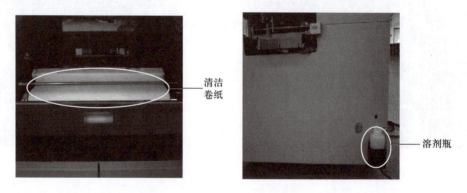

图 2.46　钢网清洁装置示意图

6. 传送导轨检查

检查导轨有无锈蚀、污垢,清洁除锈;检查柔性联轴节是否松动有间隙,拧紧;确认传送带的运行状态,如图 2.47 所示。

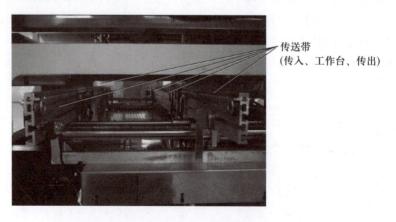

图 2.47　传送导轨示意图

2.4.3　定期检查与保养

在日常维护保养基础上,根据设备使用频率、工作强度等因素,以周、月为周期,实行定期检查与保养。由于周检与月检针对印刷设备核心结构,涉及机械机构、电气部件更换及调整,操作人员需熟知设备系统构成,具备相应维护技能。定期检查与保养表如表 2.10 所示,定期检查与保养部位如图 2.48 和图 2.49 所示。

表 2.10　定期检查与保养表

序号	检查项目	检查内容	处理方法	检查、保养周期	
				起动	设置
1	空压系统	空气过滤装置内有无积水	除水	●	
		空气过滤装置内有无污垢、淤塞	清洁、更换过滤网	●	
2	钢网支撑框架	滑板部位有无污迹及生锈	清洁、上油	●	
		框架支撑部分有无损伤	修复损伤部位	●	
3	摄像头驱动轴、滚珠丝杠直线导轨 X 轴与 Y 轴	有无润滑脂、锡膏溅落产生的污垢	涂抹润滑脂,清洁	●	
		柔性联轴节有无松动、间隙	拧紧、更换	●	
4	刮刀驱动部分	有无润滑脂、锡膏溅落产生的污垢	涂抹润滑脂,清洁	●	
		柔性联轴节有无松动、间隙	拧紧更换	●	
5	空压系统装置	气缸运行是否平稳	在活塞和活塞杆上注油	●	
6	传送系统（传送带）	确认传送带的运行状况及磨损程度	调整传送带松紧;更换传送带		●
7	印刷头	刮刀平衡确认,4 个缓冲柱塞间隙为 0.1 mm	调整		●
8	印刷工作台	确认基板边夹的动作	调整气缸压力使边夹在适当范围内,调整标准为 10.08 ~ 0.1 MPa		●
		有无磨损或损伤	调整、更换		●
		工作台 Z 轴花键、杆、凸轮动作顺畅与否	定期涂抹清洁、涂抹润滑脂		●
		基板托板、杆有无润滑脂	涂抹润滑脂		●

续表

序号	检查项目	检查内容	处理方法	检查、保养周期	
				起动	设置
9	传送系统（传感器）	基板传送传感器上有无污物，光纤传感器有无损伤	清洁、更换		●
		光纤传感器灵敏度下降，检测频繁出错	调整其灵敏度、更换传感器		●
10	XY驱动部分、滚珠丝杠直线导轨	有无锡膏溅落产生的污垢	清洁、涂抹润滑脂		●
		柔性联轴节有无松动、间隙	拧紧、更换		●
11	电气部分	各部位接线端子接插件有无松动	松动部位拧紧		●
		电池状态	电池每4~6个月充、放电一次，放电至关机后充电时间不少于12 h		●
12	视觉系统	确认照明状态	检查照明，衰减严重时更换灯泡		●
		摄像头表面是否脏污	使用溶剂清洁	●	
13	清洁系统	清洁溶剂喷射部件	清除阻塞喷射孔部位残余的锡膏	●	

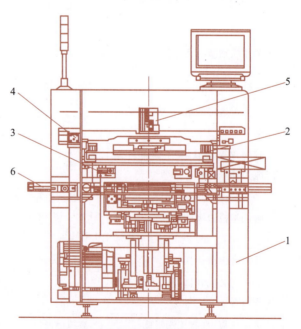

图2.48　定期检查与保养部位图示1

1—空压系统；2—钢网支撑框架；3—摄像头驱动轴、滚珠丝杠直线导轨X轴与Y轴；
4—刮刀驱动部分；5—空压系统装置；6—传送系统

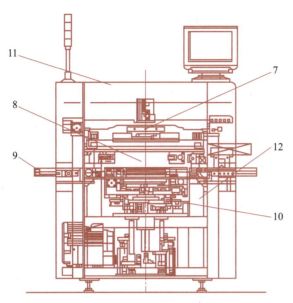

图 2.49　定期检查与保养部位图示 2

7—印刷头；8—印刷工作台；9—传送系统；10—XY 驱动部分、
滚珠丝杠直线导轨；11—电气部分；12—视觉系统

2.4.4　突发故障应急处理方案

突发故障原因及处理办法如表 2.11 所示。

表 2.11　故障原因及处理办法

现象	原因	处理步骤
动作停止 （无响应）	控制故障	按急停开关并回原点
	程序故障	
控制程序非正常结束	控制故障	重新起动印刷机
	程序故障	
振动过大	气缸动作太快	调整气缸动作的速度
	工作台的缓冲装置损坏	
标记校准异常	光照不足	调整光源按"Retry"按钮（在窗口进行人工操作）
	标记对比度不佳	
	标记超出校准范围	检查印刷条件并校正
	出现两个或以上相同或相似的标记	检查登录的标记是否重复

续表

现象	原因	处理步骤
印刷精度差	基板定位不准	检查基板和钢网夹紧装置
	钢网定位不准	
	印刷工作台定位精度差	联系印刷机厂商
	XY 工作台调整精度差	检查或重新登录标记
不良印刷	刮刀压力使用不合理	根据印刷条件调整刮刀压力
	刮刀速度设置不合理	根据印刷条件调整刮刀速度
	刮刀下降延时设置不合理	根据印刷条件调整刮刀下降延时
	离网速度设置不合理	根据印刷条件调整离网速度
	离网距离设置不合理	根据印刷条件调整离网距离
	离网时下降延时不合理	根据印刷条件调整离网下降延时
	印刷工作台与钢网之间不平行	联系印刷机厂商

2.4.5　常见故障和解决方法

常见故障和解决方法如表 2.12 所示。

表 2.12　常见故障和解决方法

故障分类	故障现象	故障原因	故障排除与后续处理
设备故障	气压低,提示"AIR PRESS IS LOW!"	观察设备的气压表,如果气压表读数正常,应该通知工程师,检查设备的其他故障	故障排除后,按"复位"按钮,正常生产
		如果气压表读数低于正常值(0.4~0.6 MPa),通知工程师,检查公司气路故障	
	等待超时:提示"WAITTING OVERTIME"	多为 PCB 传送不到位,或者上板机有送板,但在规定时间内没有送到	故障排除后,按"开始"按钮,继续生产
	MARK 点识别故障	PCB 方向错,或传输不到位,造成 MARK 点位置与程序设定的不一致,设备提示故障	故障排除后,按"开始"按钮,继续生产
	PCB 传送不到位	MARK 点标记不清,形状或者平整度不好	通过手工调整后,继续生产,生产后的该产品要进行检查
	擦拭纸用尽,清洗液用尽	此时设备会停止并进行提示	添加后或者更换纸卷后,可以继续生产
	急停开关按下提示	急停开关被按下后,设备所有的伺服电动机都没有加电,所以这个时候一般三色灯的红灯会闪烁	开机前检查急停开关是否被按下

续表

故障分类	故障现象	故障原因	故障排除与后续处理
工艺问题	偏印:印刷后的产品偏离要求	模板与 PCB 没有完全对中;MARK 点中心对称,PCB 反方向放入后不能被检查出来	调出微调界面,检查模板与 PCB 是否完全对中。检查上下 MARK 点对中是否正常
	连印:印刷后,不该连接的部分发生了连接,或者过炉后发生了连接	参数设置不正常,设备压力或者印刷速度不正常	故障排除后,继续生产
		过炉后连接,是因为锡膏的厚度与模板的厚度不一致,减少模板和 PCB 之间的缝隙,让锡膏的厚度与模板的厚度一致	
		清洗次数设定过多,减少清洗间隔的 PCB 数量,找到最适合的参数	
		支撑差	
		脱模速度及距离不当	
	少印:部分没有,或者全部没有	模板开孔被阻塞	清洗模板
		敷料不够正常生产的量,需要增加量	添加锡膏
	刮刀刮不干净	刮刀安装不正常。刮刀变形,高度调整不正常	故障排除后,继续生产

【生产应用案例 4】——HITACHI NP-04LP 型印刷机点检作业

网板印刷机点检作业指导书如表 2.13 所示。

表 2.13　网板印刷机点检作业指导书

线别		点检周期	半月□　一月□　三月□　半年□　一年□		
设备型号	设备编号	维护工程师	维护作业日期	年　月　日	
NO	点检项目	确认方法		判定	

1. 机台点检作业

1.1	检查各动作部件有无油脂,螺钉有无松动	加润滑油/拧紧螺钉,作业员确认	
1.2	机台水平	水平仪检测机台是否水平/作业员确认	

续表

NO	点检项目	确认方法	判定
1.3	机台电压确认	1. 设备输入端电压确认 R-SAC(　)V,R-TAC(　)V,S-TAC(　)V,/万用表检测	
		2. 控制柜工作电压确认/万用表检测	
		3. 安全接地检查/万用表检测	
		4. 检查主回路的接线是否可靠/作业员确认	
1.4	机台气压确认	印刷机主体气压为 0.45~ 0.5 MPa 基板上边夹气压为 0.12~0.155 MPa 基板边夹气压为 0.06 ~ 0.225 MPa/作业员确认	

2. 单动部件点检作业

NO	点检项目	确认方法	判定
2.1	回原点	印刷机所有可动部件能否回原点/动作试验	
2.2	基板传入/传出机构	基板传入/传出机构能否回原点/动作试验	
		基板传入/传出机构动作是否正常/动作试验	
		基板传入/传出部分制动器动作是否正常/动作试验	
2.3	工作台	工作台能否回原点/动作试验	
		工作台动作是否正常/动作试验	
		工作台制动器动作是否正常/动作试验	
2.4	电路托板/压板/单侧	动作是否正常/动作试验	
2.5	刮刀	刮刀能否回原点/动作试验	
		刮刀动作是否正常/动作试验	
2.6	摄像头	摄像头能否回原点/动作试验	
		摄像头前后移动是否正常/动作试验	
		摄像头上下镜头灯光是否正常/动作试验	

续表

NO	点检项目	确认方法	判定
2.7	钢网清洁装置	钢网清洁装置工作/动作试验	

3. 重要机构部件点检作业

NO	点检项目	确认方法	判定
3.1	刮刀轴部分	动作试验	
3.2	X、Y、θ	动作试验	
3.3	印刷工作台部分	动作试验	
3.4	摄像头部分	动作试验	
3.5	控制柜部分	对各种接插件的可靠性进行检查	
3.6	易损耗部件检查	传送带/清洁部配管/刮刀橡胶片确认	
3.7	网板清洁部分检查	各项动作/溶剂泵确认	

4. 自动运转点检作业

NO	点检项目	确认方法	判定
4.1	印刷模式检查	检查空运转/试生产/连续生产三种模式下设备运转是否正常	
4.2	本机接口检查	检查本机接口与上下位机连接是否正常	
4.3	MARK 点识别检查	检查摄像头在识别模板/PCB 的 MARK 点方面是否正常	

5. 安全保护系统点检作业

NO	点检项目	确认方法	判定
5.1	安全罩门安全确认	动作试验	
5.2	急停开关安全确认	动作试验	

【生产应用案例 5】——HITACHI NP-04LP 型网板印刷机保养作业

网板印刷机保养作业指导书如表 2.14 所示。

表 2.14　网板印刷机保养作业指导书

网板印刷机保养作业指导书

文件编号			拟制	审核	批准
适用工程	网板印刷机				
适用产品	全型号产品				
		版次 A/O	页码 1/1	实施日期	

周期	NO.	保养项目	保养方法	保养基准	保养用具
周保养	1	设备清洁	用吸尘器、抹布全面清理设备各部位的尘屑	清洁、无杂物	吸尘器、抹布
	1	X 轴、Y 轴、相机、调宽、刮刀头等部位的丝杠、导轨清洁并润滑	1. 用布擦除丝杠、导轨上的旧油 2. 用油枪向油嘴内注油，直到新油溢出为止 3. 用手向丝杠、导轨上涂抹新油	涂敷均匀、油量合适	OKS422 润滑油、抹布、油枪
月保养	2	清洁相机	用擦拭纸轻轻擦去表面灰尘	清洁、发光亮度良好	擦拭纸
	3	I/O 箱	打开 I/O 箱，用吸尘器吸掉灰尘和杂物	清洁	吸尘器
	4	传送带检查及轴心润滑	1. 检查各传送带张力，拆卸后检查有无断裂、破损 2. 用 WD-40 防锈剂润滑轴承轴心	有不良现象时更换、应转动自如	WD-40 防锈剂

重点管理事项	保养时注意切断电源

软件变更记录

版次	变更日	变更内容
A/O	09.3.1	作业指导书完成

支持性文件	设备保养记录表
使用工具及设备	吸尘器、气枪、抹布、油枪、OKS422 润滑油、擦拭纸、WD-40 防锈剂

本章小结

本章主要介绍了印刷机的基本知识、HITACHI NP-04LP 型印刷机认知、印刷机的操作与编程及印刷机维护等内容。

印刷机根据其自动化程度,可分为手动、半自动和全自动印刷机三类。在结构上都包括夹持 PCB 基板的工作台、印刷头系统、钢网或模板及其固定机构、保证印刷精度而配置的其他选件等部分。影响印刷质量的印刷机参数主要包括刮刀压力、印刷厚度、印刷速度。

HITACHI NP-04LP 型印刷机是全自动网板印刷机,其自动控制范围包括基板传输、印刷工作台上夹紧、由视觉校正系统确认基板位置、印刷等,主要由机械系统、光学系统、气路系统及电气与计算机控制系统等部分组成。

印刷机印刷操作根据印刷机操作作业指导书进行。对于新产品,其操作流程一般为印刷机印刷前的准备、开机与设备检查、印刷工作参数的设置与编程、首件印刷与检查、批量印刷与检查、关机与日清洁。

印刷机维护包括基础保养和故障维修。保养分为印刷机的日常检查与保养、定期检查与保养。

仿真训练

1. 仿真训练:印刷机设备结构识别
2. 仿真训练:印刷机操作
3. 仿真训练:印刷机编程
4. 仿真训练:印刷机保养

实践训练

印刷机上机实操训练:
1. 印刷机操作
2. 印刷机编程
3. 印刷机保养

【拓展链接】——常见印刷机

【 NP-04LP 型网板印刷机操作手册】

【 NP-04LP 型网板印刷机维护手册】

【 MPM3000 型网板印刷机操作手册】

【 MPM3000 型网板印刷机维护手册】

【 DEK268 型网板印刷机操作手册】

【 DEK268 型网板印刷机维护手册】

第 **3** 章

贴片机的操作与维护

学习目标

贴片机是计算机控制的自动化生产设备，它能用一定的方式将片式元器件准确地贴放到 PCB 指定的焊盘上。 本章主要介绍贴片机的分类、结构和工作原理，以及贴片机的操作调试方法与日常维护。

学习完本章后，你将能够：

● 了解贴片机的结构、功能与工作原理
● 掌握贴片机的软件体系、程序参数设置与调整方法，能够进行贴片机的程序参数设置与调整
● 掌握贴片机的操作运行方法，能够进行贴片机的操作
● 掌握贴片机日常维护的内容与步骤，能够进行贴片机基本的日常维护
● 掌握贴片机操作、工艺、点检、维护保养作业指导书编制方法与作业要领

任务 3.1　了解贴片机

3.1.1　贴片机分类

1. 按贴装的速度分

贴片机可分为低速、中速、高速和超高速贴片机四类。低速贴片机的贴片速度小于 4 500 片/h；中速贴片机的贴片速度介于 4 500 片/h 与 8 999 片/h 之间；高速贴片机的贴片速度介于 9 000 片/h 与 40 000 片/h 之间；超高速贴片机的贴片速度大于 40 000 片/h。同一台设备，一般贴装的元器件尺寸越小，贴装速度就越快。

2. 按贴装的自动化程度分

贴片机可分为全自动、半自动和手动贴片机三类。全自动贴片机是指上下板、元器件供料、定位与贴片等均由设备自动完成的贴片机，一般用于制造加工企业批量产品的生产；半自动贴片机是指上下板、元器件供料、定位等均由人工完成，设备仅自动完成吸料和贴片动作的贴片机，一般用于研发机构或小批量产品的生产；手动贴片机是指上下板、元器件供料、定位、贴片等全过程均由人工完成，现已很少使用。

3. 按贴装形式分

贴片机可分为顺序式、同时式和同时在线式贴片机三类。顺序式贴片机是指按照一定顺序将元器件逐一贴装到 PCB 上；同时式贴片机是指同时实现多个元器件的拾取和贴装，一个动作完成；同时在线式贴片机是指具有多种贴装头，依次同时对同一块 PCB 的不同位置进行贴片。三种贴装形式的贴片机如图 3.1 所示。

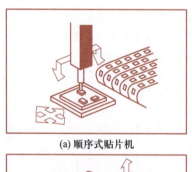
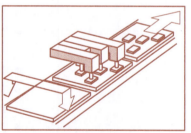

(a) 顺序式贴片机　　　　(b) 同时式贴片机

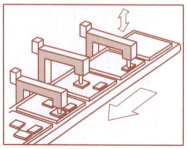
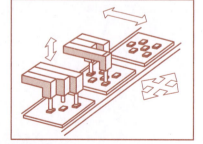

(c) 同时在线式贴片机

图 3.1　三种贴装形式的贴片机

4. 按设备结构分

贴片机大致可分为拱架式、复合式、转塔式和大型平行系统四类。

（1）拱架式

拱架式贴片机是最传统的贴片机,因为贴装头安装在沿 X/Y 方向移动的拱架上而得名,其元器件供料器、PCB 基板是固定的,贴装头（安装了多个真空吸嘴）在供料器与基板之间来回移动,将元器件从供料器中取出,经过对元器件位置与方向的调整,贴装在基板上。其结构与贴装头如图 3.2 所示。

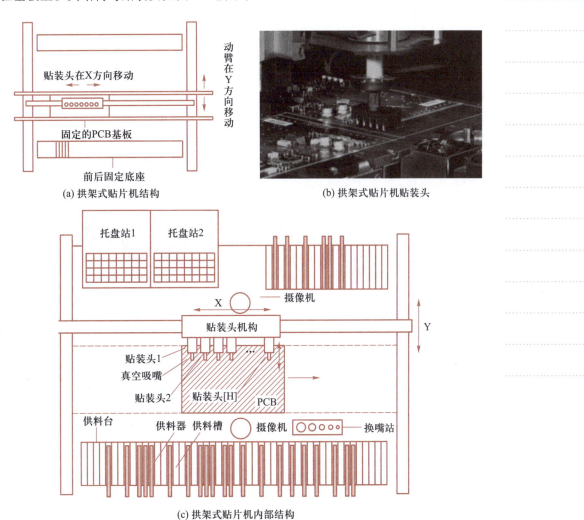

(a) 拱架式贴片机结构   (b) 拱架式贴片机贴装头

(c) 拱架式贴片机内部结构

图 3.2   拱架式贴片机结构与贴装头

拱架式贴片机的优势在于,系统结构简单,具有较好的灵活性和精度,适合贴装各种大小形状的元器件,甚至异形元器件,高精度机器一般都是这种类型。其供料器有管状、带状、托盘等形式,适于中小批量生产,也可以用于多台机组合大批量生产。由于拱架式贴片机贴装头来回移动的距离较长,所以速度受到限制,其速度无法与复合式、转塔式和大型平行系统相比。现在多采取多个真空吸嘴同时取料或者多臂式系统来提高效率。多臂式贴片机是在单臂式基础上发展起来的,可将工作效率成倍提高,如 Panasonic 公司的 CM602 贴片机就有 4 个动臂安装头,可分别交替对两块 PCB 同时进行安装,贴装速度高达 6 万片/h。绝大多数贴片机厂商推出了采用这一结构的高精度贴片机和中速贴片机。例如 Universal 公司的 AC72、Panasonic 公司的 CM402/CM602、Assembleon公司的 AQ-1、HITACHI 公司的 TIM-X、Fuji 公司的 QP-341E 和 XP系列、Samsung 公司的 CP60 系列、Yamaha 公司的 YV 系列、Juki 公司的 KE 系列、Mirae公司的 MPS 系列等。

（2）复合式

复合式贴片机由拱架式贴片机发展而来。它集合了转塔式和拱架式的特点,在动臂上安装有旋转头,其结构和贴装头如图 3.3 所示。如 Siemens 公司的 Siplace80S系列贴片机有两个带有 12 个吸嘴的旋转头。Universal 公司推出了带有 30 个吸嘴的旋转头,称之为"闪电头",两个这样的旋转头安装在 Genesis 贴片平台上,可实现 6万片/h 的贴片速度。从严格意义上来说,复合式贴片机仍属于动臂式结构。由于复合式贴片机可通过增加动臂数量来提高速度,具有较大的灵活性,因此它的发展前景被看好。例如,环球公司推出的 GC120 贴片机就安装有 4 个"闪电头",贴装速度高达 12 万片/h。

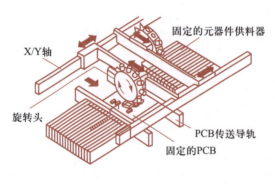

(a) 复合式贴片机结构   (b) 复合式贴片机贴装头

图 3.3   复合式贴片机结构和贴装头

（3）转塔式

转塔式贴片机的元器件供料器安装在可移动的料车上,基板存放于一个沿X/Y坐标系统移动的工作台上,贴装头安装在一个转塔上,工作时料车将元器件移动到取料位置,贴装头上的真空吸嘴在取料位置取元器件,经转塔转动到贴装位置,在转动过程中对元器件进行调整,然后贴装在基板上。其结构和贴装头如图3.4 所示。

一般转塔设备上安装有十几个到二十几个贴装头,每个贴装头上安装有若干吸嘴,由于拾取元器件和贴片动作同时进行,优化了各贴装头运行、等待、元器件检查等动作时间,充分发挥多头贴装效率,贴片速度大幅度提高,是真正意义上的高速机。这种结构的高速贴片机在我国的应用也很普遍。转塔式贴片机不但速度快,且技术成熟,如 Fuji 公司的 CP842E 贴片机可达到 0.068 s 就贴装 1 片,但是由于机械结构所限，其贴装速度已达到一个极限值，不可能再大幅度提高。该机型的不足之处是只能处理带状料。转塔式贴片机主要应用于大规模的计算机板卡、移动电话、家电等产品的生产，这是因为在这些产品当中，阻容元件特别多，装配密度大，很适合采用这一机型进行生产。我国的电器生产商以及电子组装企业都曾采用这一机型，以满足高速组装的要求。但随着模组机的发展，转塔式设备逐渐降低了市场占有率。生产转塔式机器的厂商主要有 Panasonic 公司、HITACHI 公司、Fuji 公司等。

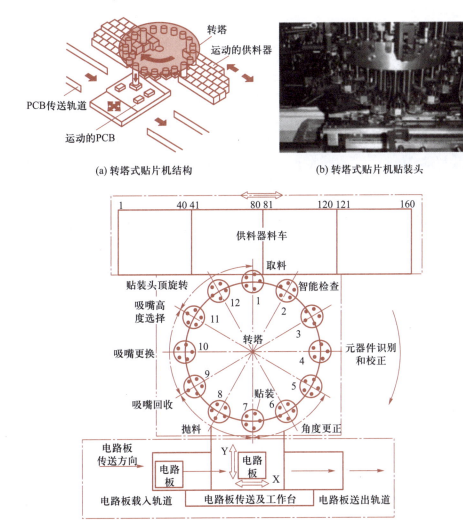

(a) 转塔式贴片机结构　　(b) 转塔式贴片机贴装头

(c) 转塔式贴片机内部结构

图 3.4　转塔式贴片机结构和贴装头

（4）大型平行系统

大型平行系统（又称模组机）是由一系列小的单独的贴装单元（也称为模组）组成。每个单元有独立的丝杠位置系统，安装有相机和贴装头。各贴装头可吸取部分的带式供料，贴装 PCB 的一定区域，PCB 以固定的时间间隔在机器内步进。各个单元机器单独运行的速度较慢,但是当它们连接成线或者成为一台设备(平行的运行)时,会有很高的效率。如 Philips 公司的 AX-5 贴片机最多可有 20 个贴装头,实现 15 万片/h 的贴装速度,但就每个贴装头而言,贴装速度在 7 500 片/h 左右,仍有大幅度提高的可能。这种机型也主要适用于规模化生产,例如手机。生产大规模平行系统式贴片机的厂商主要有 Philips 公司。Fuji 公司也推出了采用类似结构的 NXT 型超高速贴片机,如图 3.5 所示,通过搭载可以更换的贴装工作头,使同一台机器既可以是高速机也可以是泛用机,几乎可以进行所有元器件的贴装,从而使设备的初期投资及增加设备投资降到最低程度。

模组

基座

料盘单元

图 3.5   采用模组结构的 NXT 型超高速贴片机

3.1.2   贴片机的视觉系统

由于光学系统在提高检测精度和增强可检测性等方面有独到的优越性,随着自动化技术水平的提高,激光和机器视觉现已广泛应用于贴装技术,特别是机器视觉技术,在贴装技术中的作用越来越重要。0201、01005 元器件和 IC 封装中 QFP 引脚的细间距化,以及 BGA、CSP、COB、Flip Chip 和 MCM 的应用都对贴装精度的要求进一步提高,对视觉与图像识别技术的要求也越来越高。

贴片机中视觉与图像识别技术的主要特点如下:

① 双照相机应用——在一个贴装单元中包含用于小元器件的快速照相机和用于较大 IC 电路的高分辨率照相机,各司其职,发挥最大效益。

② 下视、上视照相机——分别解决印制电路板基准位置调整和元器件校准。

③ 飞行对中技术——用于 X/Y 坐标系统调整位置和吸嘴旋转调整方向。一般相机固定在贴装头,飞行划过相机上空,进行成像识别,虽比激光识别耽误一点时间,但可识别任何组件,实现飞行过程中的识别,提高机器速度。

④ 高速、高效的图像采集、传输、处理技术。

⑤ 高效、多光谱光源照明技术。

对于一块贴装好的 PCB,其贴装精度取决于基板精度、基板定位精度、贴装头定位精度、元器件定位精度,如图 3.6 所示。

虚拟仿真
贴片机

3.1.3   贴片机的基本组成

由于 SMT 的迅速发展,生产贴片机的厂家很多,其型号和规格也有多种,但这些设备的基本组成都是相同的。贴片机主要由机械系统、控制系统和视觉系统三大部分组成,是集机、电、光、气及计算机控制技术于一体的高度自动化电子制造设备。通常包括支撑机构(机架)、供料机构、PCB 传送机构、贴装头、驱动及伺服定位机构、电气控制系统、软件控制系统等。为适应高密度超大规模集成电路的贴装,比较先进的贴片机还具有视觉对中系统与 MARK 点视觉系统,以保证芯片能够高精度地准确定位。其结构组成如图 3.7 所示。

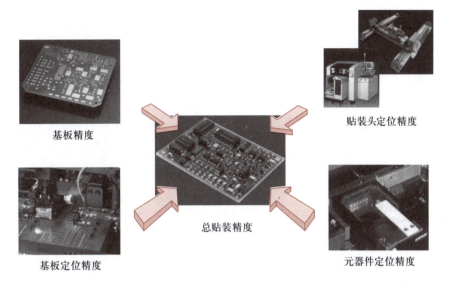

图 3.6 影响 PCB 贴装精度的因素

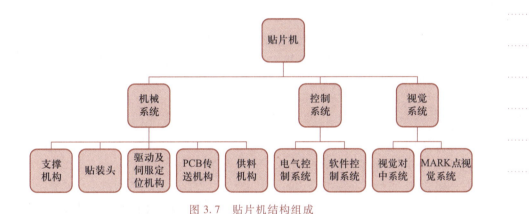

图 3.7 贴片机结构组成

3.1.4 全自动贴片机的工作原理

微课
贴片机的工作过程

全自动贴片机相当于机器人的机械手,能按照事先编制好的程序把表面贴装元器件从包装中取出来,并贴放到印制电路板相应的位置上。贴片机的主要工作过程如下:

贴片机传入基板并由止挡器定位,工作台机构夹紧基板;贴装头从供料器拾取元器件(component pick-up),通过视觉系统检查元器件(component check),贴装头传送元器件(component transport),并通过视觉系统对中,将元器件高速、高精度地贴装在 PCB 焊盘的指定位置(component Place)。贴片机工作流程和工作原理如图 3.8 所示。

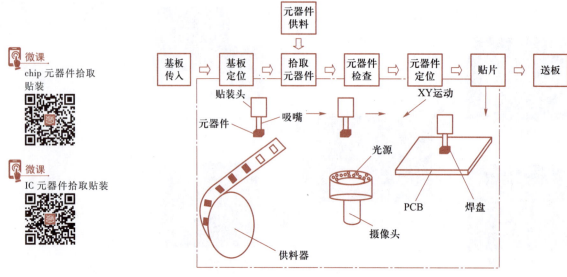

图 3.8   贴片机工作流程和工作原理

3.1.5   贴片机的主要参数

贴片机的主要参数包括贴装速度、贴装精度(准确度)、贴装元器件范围、贴装印制电路板尺寸等。选购贴片机时要根据实际生产需要,综合考虑设备贴装速度、自动化程度、贴装精度及性价比等因素。

3.1.6   相关名词术语

1. PICK&PLACE

贴片机,指用于元器件贴装的设备。

2. NOZZLE

吸嘴,其类型大概可以分为两类,普通吸嘴和特殊吸嘴(针对非标准元器件的吸嘴)。普通吸嘴可用于所有常用元器件的生产,这些元器件包括 CHIPS、SOJ、SOP、PLCC、QFP 等;特殊吸嘴用于生产非标准元器件。这些非标准元器件(如连接器、插座等)因外形特殊而不能正常生产,这样的吸嘴需要特殊定做。

3. NOZZLE STATION

吸嘴站:正常情况下,设备会根据程序的定义自动更换使用的吸嘴,吸嘴一般放置在专用的一个部件上,该部件称为吸(换)嘴站,有的设备也称为自动换嘴站(ATC)。

4. FEEDER

供料器(又称送料器),是协助设备完成自动供料的配件,用于存储需要贴装的元器件。根据元器件的包装形式不同,有用于带式包装(TAPE)、管式包装(STICK)、盘式包装(TRAY)和散装包装(BULK)的供料器,分别称为带式、管式、盘式和散装式供料器。根据元器件的大小不同,又有不同的尺寸。另外,供料器的工作原理也不尽相同,有手动、电动、气动等。

5. FEEDER STATION

供料站,用于放置供料器的工作台,正常情况下,带式、管式、散装式供料器都可以放在供料站上,一种特殊的盘式供料器也可以放置在供料站上。供料站上有若干气缸,通过设备的高压气来控制动作。一般设备一次性可生产物料的多少,根据供料站最多放置供料器的数量决定,正常情况下,一般为 80～100 个(8 mm 的供料器)。

6. MARK (Fiducial)

MARK 点(标记点),也称为基准点。为了减少由 PCB 加工误差和传送误差对贴装精度产生的影响,在每片 PCB 生产之前进行标记点的确认。如果在可调整范围内,设备通过计算,进行校正,如果不在可调范围内,提示出错,不进行生产,等待下一步的命令。常用标记点的形状如图 3.9 所示。

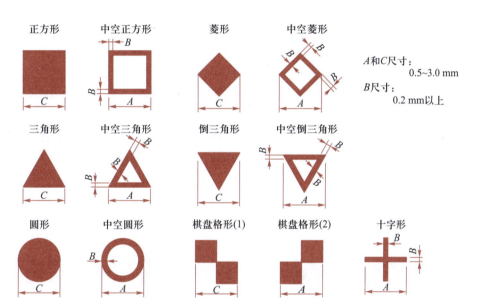

图 3.9　常用标记点的形状

7. ORIGIN

原点。设备在生产之初或者刚刚通电的时候,所有的电动机和轴都要回到 0 位置,即所谓的回原点,这是所有设备生产之前需要进行的一项工作。PCB ORIGIN 是指用于生产的 PCB 在现在使用的设备上的原点位置,这个位置并不固定,可根据客户自己的需要来确定,也可以根据给定的 CAD 数据来确定。

8. ALIGENMENT

元器件识别(对中)方式,即找到元器件的中心点进行计算,通过计算,对于未在中心点的元器件进行计算和校正,达到要求的贴装精度。一般对中方式有:

① 机械对中:当元器件被拾取后,经过规正爪的规正,达到对中的目的,这种方式只能针对封装比较简单,且尺寸稍大的元器件,对于 1608(公制)以下的元器件,会有一定的难度,所以现在已经淘汰。

② 激光对中:通过识别元器件的外形尺寸来计算其中心位置,达到校正的目

的。这种方式一般比较节省识别的时间,能够在元器件的移动过程中达到识别的目的。

③ 镜头识别(成像识别):贴装头拾取元器件后,经过镜头上方,校正吸嘴与镜头的偏差,以达到对中的目的。

9. 暖机(WARM-UP)

该操作是在贴装之前为了保证贴装精度而进行的。暖机是为了保证系统、元器件和润滑油在冬天有一个正常的工作温度,并且减少因为结构部件的问题而降低设备精度的操作。正常的暖机时间一般为 10 min 左右。如果设备停机没有超过 2 h,暖机是没有必要的。

10. 急停

急停的几种情况如下:

① 操作中的急停:一般用于处理某些紧急的情况,这种情况下,操作面板上的急停(EMG)开关或者校正盘上的 MOTOR FREE 按钮被按下。此时,所有的电源都被切断,包括计算机的电源。

这种急停可在故障解决后,通过旋转急停开关并且按 RESET 按钮解除。

② 在操作过程中打开前后门,也会引起急停,但是在关门后通过按下 RESET 按钮就可以继续操作。

③ 系统急停。系统通过自检测功能检测到故障而产生急停。在系统急停过程中,除了计算机的电源,所有的驱动部分的电源都被切断。此时,错误信息显示在 PROGRAM 显示器上。

11. SIGNAL TOWER

信号塔。信号塔由三色灯组成,其状态说明如表 3.1 所示。

表 3.1　信号塔三色灯状态说明

信号灯	状态	说　　明
红灯	亮	设备自动检测到错误,同时声音持续报警和错误提示出现在操作界面上
	闪	EMG 开关或者 MOTOR FREE 按钮被按下,或者系统检测到类似于急停的错误,同时声音持续报警而且错误提示在操作界面上
黄灯	亮	等待状态
	闪	物料用尽,同时有声音和错误提示
绿灯	亮	设备正常运行
红、黄、绿灯	闪	暂停状态,按下 START 按钮就可以继续生产

任务 3.2　典型贴片机认知

3.2.1　环球 AC30L、AC72 贴片机特点

目前,SMT 贴片机主要有 Universal(环球)公司的 AdVantis 和 GSM 系列、Yamaha 公司的 YV 系列、Juki 公司的 KE 系列、Samsung 公司的 CP60 系列、Panasonic 公司的 CM402/CM602 、HITACHI 公司的 TIM-X 等机型。本任务主要以环球全自动贴片机为例进行介绍。

环球贴片机主要包括 AdVantis、GSM、GSM Genesis 贴装平台系列,其外观如图 3.10 所示。平台化设备的特点是:同一系列的高速机、中速机、泛用机采用相同的设备平台,选装不同组件构成不同用途的设备,平台上的组件(贴装头、相机、供料器、软件等)具有相同的接口。平台化设备的优势在于:减少客户备用的供料器和备件的数量;减少培训和维修的时间与费用;容易实现线体平衡;设备的可升级能力更强;保护初期投资,延长设备的生命周期。

 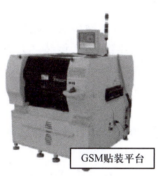 

AdVantis贴装平台　　GSM贴装平台　　GSM Genesis贴装平台

图 3.10　环球贴片机平台系列

环球贴片机 AdVantis 贴装平台系列包括 AC30L、AC72、AI72、AX72、AI42、AFC42 机型。这些机型采用相同的设备平台,贴装头、相机、供料器、软件等组件具有相同的接口,选装不同的贴装头构成不同的用途,如图 3.11 所示。

其中,环球 AC30L、AC72 结构为单臂单贴装头拱架系统。其共同特点主要如下:

① 基座整体化设计和制造。所有子系统都在 AdVantis 平台系列刚性基准面上安装(定位拱梁、传送轨道、板夹持装置、供料器槽座、仰视相机)。子系统的位置精度通过此刚性基准面固定和保持,安装或移位时无须重新校准。

② 同步双驱动系统提供了更高的加速度和更快的稳定时间,减少拾取和贴装过程中的振动。Y 轴拱梁采用双侧驱动技术,贴装头驻停稳定时间(振幅降至 ±10 μm)从单驱系统的 75 ms 缩短至 25 ms,加速度和速度提升。

③ 光栅尺闭环控制定位系统,确保高准确度贴装。Y 方向采用双侧光栅尺,X 方向采用单侧光栅尺,直接测量执行终端闭环控制,光栅尺分辨率最高为 1 μm,保证重复性能长期稳定。光栅尺闭环控制定位系统如图 3.12 所示。

教学课件
任务 3.2

动画
AdVantis 贴装平台简介

动画
GSM Genesis 贴装平台简介

动画
AC72 贴片机工作演示

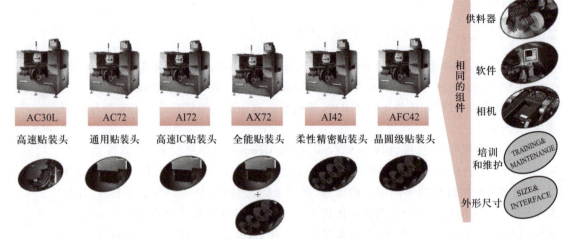

图 3.11　环球贴片机 AdVantis 贴装平台系列

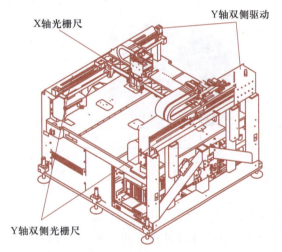

图 3.12　光栅尺闭环控制定位系统

④ 贴装头适用的元器件范围广,可适用从 Chip 芯片到异形、倒装芯片和堆叠封装的各种元器件,在高混合环境下易于实现生产线的优化和平衡,适用于元器件高混合、低利润的商业环境。

⑤ 贴装头上采用双相机远心透镜实现自动聚焦 30 轴,采用数字仰视相机用于处理大型和异形元器件。

⑥ 采用 Windows 操作系统,提供 CAD 导入、编程优化、模拟、生产线平衡和性能监控等工具软件功能,更加容易操作。

3.2.2　环球 AC30L、AC72 贴片机技术指标

环球 AC30L、AC72 贴片机技术指标如表 3.2 所示。

表 3.2　环球 AC30L、AC72 贴片机技术指标

项目		AC30L	AC72
标称贴装速度	Chips 芯片	33 600 片/h	18 500 片/h
准确度	Chips 芯片	±65 μm(4σ 时)	±60 μm(3σ 时)
	IC		±60 μm(3σ 时)

续表

项目		AC30L	AC72
印制电路板尺寸	最大规格	（可选）457.2 mm×635 mm×5.08 mm （18 in×25 in×0.2 in）	457.2 mm×635 mm×5.08 mm （18 in×25 in×0.2 in）
	最小规格	50.8 mm×50.8 mm×0.508 mm （2 in×2 in×0.02 in）	50.8 mm×50.8 mm×0.508 mm （2 in×2 in×0.02 in）
	最大质量	2.72 kg	2.72 kg
	顶侧间距	12.7 mm(0.5 in)	12.7 mm(0.5 in)
元器件范围	最大规格	30 mm×30 mm×6 mm （1.18 in×1.18 in×0.24 in）	（ULC-SFoV）55 mm×55 mm×25 mm （2.17 in×2.17 in×0.98 in）
	最小规格	0.25 mm×0.5 mm×0.15 mm （0.01 in×0.02 in×0.006 in）	0.25 mm×0.5 mm×0.15 mm （0.01 in×0.02 in×0.006 in）
	最大质量	4 g	27 g
设备尺寸		1 676 mm×1 632 mm×1 956 mm （66 in×64.25 in×77 in）	1 676 mm×1 632 mm×1 956 mm （66 in×64.25 in×77 in）
设备质量		2 600 kg	2 600 kg

3.2.3　环球 AC30L、AC72 贴片机外观

从外观来看,贴片机大致包括机身、输入/输出系统(包括轨迹球、键盘、显示器)、控制面板、急停开关、三色信号灯(灯塔)、电源开关等,环球 AC30L 贴片机外形如图 3.13 所示。

其中,控制面板上设有开始(START)和停止(CYCLE STOP)按钮。其中,START按钮用于使机器归零和开始生产;CYCLE STOP 按钮用于当前工作循环结束时执行停机操作。三色信号灯用于提示机器状态,红色表示停止状态,设备发生故障时,红色信号灯会不停闪烁,直到错误改正;黄色表示通过模式或设备未进入自动运转模式前的准备状态;绿色表示设备正常运转状态。急停开关是每台机械设备上都要安装的紧急停止开关,它的作用是:当设备出现非正常运转或是设备可能对人身造成伤害时,立刻按下急停开关,此时所有机械动作部分断电,设备处于停止状态。故障排除后,将急停开关提起,才可继续进行操作,急停开关在按下的状态时,软件控制部分无法对任何机械动作部分进行控制。

3.2.4　环球 AC30L、AC72 贴片机结构认知

全自动贴片机通常由主机机架、贴装头、XY 定位系统、供料站、供料器、传送导轨、

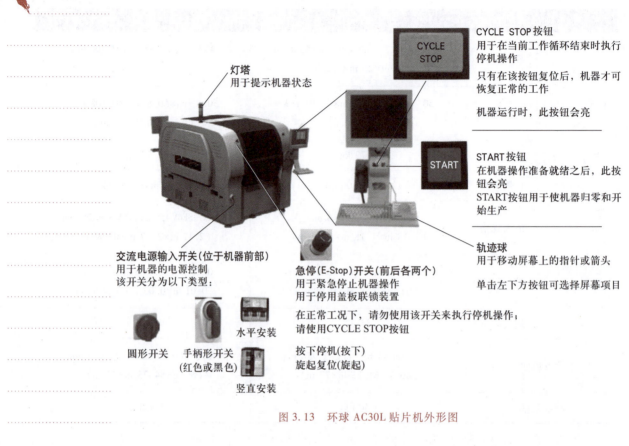

CYCLE STOP 按钮
用于在当前工作循环结束时执行停机操作

只有在该按钮复位后，机器才可恢复正常的工作

机器运行时，此按钮会亮

START 按钮
在机器操作准备就绪之后，此按钮会亮
START按钮用于使机器归零和开始生产

轨迹球
用于移动屏幕上的指针或箭头

单击左下方按钮可选择屏幕项目

灯塔
用于提示机器状态

交流电源输入开关(位于机器前部)
用于机器的电源控制
该开关分为以下类型：

急停(E-Stop)开关(前后各两个)
用于紧急停止机器操作
用于停用盖板联锁装置

在正常工况下，请勿使用该开关来执行停机操作；
请使用CYCLE STOP按钮

按下停机(按下)
旋起复位(旋起)

圆形开关　手柄形开关
(红色或黑色)

水平安装

竖直安装

图 3.13　环球 AC30L 贴片机外形图

元器件图像识别系统、吸嘴更换装置、计算机、软件等部分组成，如图 3.14 所示。

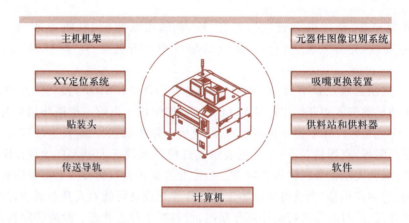

主机机架　　　　　元器件图像识别系统

XY定位系统　　　　吸嘴更换装置

贴装头　　　　　　供料站和供料器

传送导轨　　　　　软件

计算机

图 3.14　全自动贴片机结构组成

1. 主机机架

主机机架又称设备本体，它是机器的支承部分，所有传动、定位、传送机构及各种供料器均固定在上面。因此，机架应该有足够的机械强度和刚性。

2. 贴装头

贴装头也称贴片头,是贴片机的关键部件,它拾取元器件后,能在校正系统的控制下自动校正位置,并将元器件准确贴在指定的位置。贴装头的发展是贴片机进步的标志。

贴装头由检测元器件的位置偏移、角度偏移的激光校准传感器以及可进行上下驱动与旋转的 Z 滑动轴构成,贴装头装有元器件的拾取配件和贴装头配件,不同设备贴装头配件个数不同,一般从两个到几十个不等,通常情况下,贴装头配有 PCB MARK 点识别相机一个或者两个,如果是高速机,会有元器件识别相机,或者元器件识别激光器。

AC30L 贴装头采用带有 30 个吸嘴的闪电头(Lightning),采用了双相机识别(高精度/宽视域)。AC72 贴装头采用带有 7 个直列吸嘴的 FlexJet 头,带有 7 组头上相机(OTHC,对应 7 个吸嘴),飞行识别片式元器件或小型 IC;支持外接的仰视相机(ULC),识别大型 IC 或异形元器件。贴装头如图 3.15 所示。贴装头参数如表 3.3 所示。

虚拟仿真
贴片机的贴装头

(a) 闪电头和 FlexJet 头

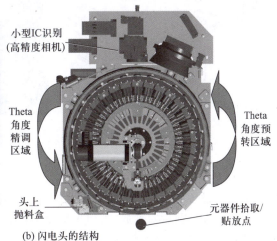

小型 IC 识别
(高精度相机)

Theta
角度
精调
区域

Theta
角度预
转区域

头上
抛料盒

元器件拾取/
贴放点

(b) 闪电头的结构

图 3.15　贴装头

表 3.3   贴装头参数

贴装头	闪电头		FlexJet 头	
相机用途与类型	高精度数字相机	宽视域数字相机	头上 CCD 相机	仰视 CCD 相机
	片式元器件 & 小型 IC		片式元器件 & 小型 IC	大型 IC& 异形元器件
元器件识别类型	chip、MELF、Tant Cap、SOIC、TSOP、DPAK、QFP、BGA、PLCC、CSP		chip、MELF、Tant Cap、SOIC、TSOP、DPAK、QFP、BGA、PLCC、CSP、Electrolytic Cap、CCGA、Connector、odd-form	
元器件识别范围	0201~8 mm×8 mm	0402~30 mm×30 mm	0402~24 mm×24 mm(11.7 mm 高)	0201~55 mm× 55 mm~150 mm 长(25 mm 高)
相机数量	1	1	7	1 或 2
最快贴装速度	33 600 片/h(片式元器件)		18 500 片/h(片式元器件) 14 000 片/h(SOIC)	
支持供料器	带式		带式、管式、托盘及散装式	

3. XY 定位系统

虚拟仿真
贴片机的 XY 定位系统

XY 定位系统又称 X/Y 轴系统,用来支撑贴装头,贴装头安装在 X 导轨上,X 导轨沿 Y 方向运动,从而实现 XY 方向贴片的全过程。环球 AC30L XY 定位系统如图 3.16 所示。

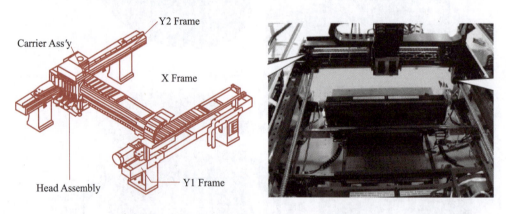

图 3.16   环球 AC30L XY 定位系统

虚拟仿真
贴片机的供料站

4. 供料站

供料站是指设备上划分好的可以安装供料器的位置,每一个供料器只能对应一个供料站。一般在设备前后对称放置,但也可以根据客户的要求只有前面一部分。环球 AC30L 贴片机前后共有 72 个供料站,如图 3.17 所示。

5. 供料器

虚拟仿真
贴片机的供料器

供料器(FEEDER)也称为送料器,它的作用是将元器件按一定规律和顺序提供给设备。环球 AC30L 贴片机的供料器根据片式 SMD/SMC 元器件包装的不同来选用,常用的供料器有带式、盘式和管状供料器。环球 AC30L 贴片机的三种供料器如图 3.18 所示。

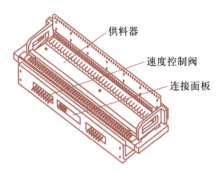

供料器
速度控制阀
连接面板

图 3.17　环球 AC30L 贴片机的供料站

(a) 带式供料器　　　　　　　(b) 盘式供料器　　　　　　　(c) 管式供料器

图 3.18　环球 AC30L 贴片机的三种供料器

（1）带式供料器

带式供料器也称为编带供料器,适用于传送带式包装的贴片元器件。按照供料控制方式不同,又分为机械带式、普通电动、智能带式供料器。环球公司提供的带式供料器参数如表 3.4 所示。

表 3.4　环球公司提供的带式供料器参数

参数	机械带式供料器	普通电动供料器	智能带式供料器
步进节拍/ms	250	120	50
规格/mm	8~56	8,12	8~120
步距	固定	固定	可调
不停机接料	No	Yes	Yes
PPM Level	200~800	150~300	0~100

（2）盘式供料器

盘式供料器是通过托盘将贴片元器件传送到设备的一种供料器,可以用单托盘或者多托盘供料。

（3）管式供料器

管式供料器是一种通过振动直接把管状元器件传送到设备的一种供料器，可以一次供多种元器件共同使用。

6. 传送导轨

传送导轨是 PCB 的输入/输出传送系统。PCB 的传送一般为三段式传送，即 PCB 输入、PCB 贴装和 PCB 输出三部分，如图 3.19 所示。每个部分都有传感器来控制 PCB 的状态，通常有输入、等待、贴装、快速传入、输出 5 个传感器来检测 PCB 在传送带上的状态。传送导轨上的 5 个传感器布局如图 3.20 所示。

小贴士

在使用供料器之前应该充分了解其特性，根据元器件封装类型、传送带的宽度和间距来选用合适的供料器。如果使用不当，会引起人身安全和设备的损坏。

虚拟仿真

贴片机的传送导轨

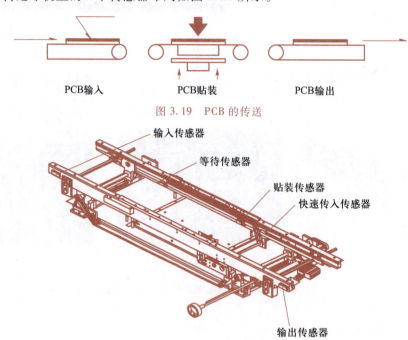

图 3.19　PCB 的传送

图 3.20　传送导轨上的 5 个传感器布局

（图中标注：输入传感器、等待传感器、贴装传感器、快速传入传感器、输出传感器）

每个传感器的功能如下：

① 输入传感器（INPUT SENSOR）：用于检查 PCB 是否从上一个设备进入本设备。

② 等待传感器（WAIT SENSOR）：用于检查 PCB 是否在等待位置上。

③ 贴装传感器（PLACER SENSOR）：用于检查 PCB 是否在贴装位置。

④ 快速传入传感器（QUICK LOAD SENSOR）：用于检查 PCB 是否完成贴装，若已完成，等待传感器处的 PCB 才能快速传入贴装传感器位置。

⑤ 输出传感器（OUTPUT SENSOR）：用于检查 PCB 是否输出到下一设备。

7. 元器件图像识别系统

虚拟仿真

贴片机的元器件图像识别系统

吸嘴吸取元器件后，通过相机对元器件拍照，转换为数字图像信号，经计算机分析出元器件的几何中心并与控制中心进行比较，计算出元器件中心与吸嘴中心的 XY 值误差，及时反馈至控制系统进行修正，保证元器件引脚与 PCB 焊盘重合。元器件图像识别系统工作原理如图 3.21 所示。

环球 AdVantis 贴装平台系列视觉系统软件采用多重检查运算法则，对每个元器件可编程识别多达 25 个非标准的特征。采用记号点相机,利用多色照明光环扩大了支持的基板种类。环球 AC30L 采用了双相机识别(高精度/宽视域),AC72 带 7 组头上相机,1 个或 2 个仰视相机。

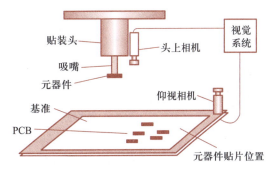

图 3.21　元器件图像识别系统工作原理

8. 吸嘴更换装置(ANC)

吸嘴更换装置用于设备自动更换吸嘴,适用于存放各种不同元器件的吸嘴,可在生产中更换(闪电头只能在换产时更换),如图 3.22 所示。环球 AC30L 贴片机的吸嘴更换装置具有 2 个 70 站吸嘴孔位,环球 AC72 贴片机的吸嘴更换装置具有 1 个 28 站吸嘴孔位,如表 3.5 所示。

微课
贴片机的吸嘴更换装置

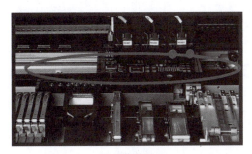

(a) 更换装置

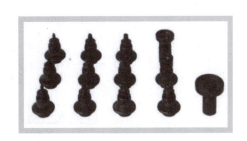

(b) 吸嘴

图 3.22　吸嘴更换装置

表 3.5　吸嘴更换装置参数

机型	70 站 ANC	28 站 ANC	总站位数	更换时机
AC30L	2		140	换产时
AC72		1	28	生产中

3.2.5　Juki 、Yamaha 等贴片机认知

国内主要使用的 SMT 贴片机,除了环球公司的系列贴片机外,还包括 Juki 公司、Yamaha 公司、Panasonic 公司、Fuji 公司、Samsung 公司、Siemens 公司等推出的各种系列的贴片机,以满足用户的不同需要。总体而言,这些贴片机生产厂家在设备设计上都在朝着高精度、高速度、低运行成本这一目标努力,如 Fuji 公司的模组化贴片机等,各厂家设备形成了自己的设计和使用特点。

任务 3.3　贴片机的操作

教学课件
任务 3.3

全自动贴片机的操作根据贴片机操作作业指导书进行,其主要的操作内容和操作工艺流程如图 3.23 所示。

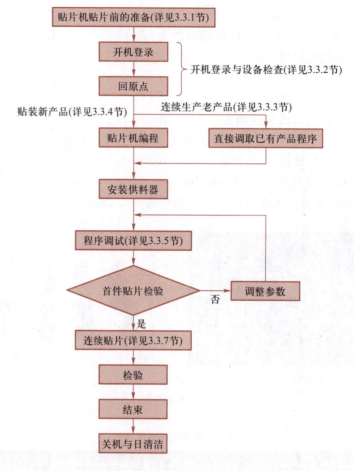

图 3.23 全自动贴片机主要的操作内容和操作工艺流程

本任务以环球 AC30L 贴片机为例进行介绍。

3.3.1 贴片机贴片前的准备

贴片任务开始之前,工艺及技术人员应根据已有的待加工产品和技术资料,进行工艺技术设计,从提高运行效率、保证贴装精度、降低抛料率三个方面优化选取最佳设计方案,采用经济加工方法并满足加工质量要求,保证贴装工作的顺利完成。在贴片机开机运行前做好物料的准备、设备检查等工作。

1. 物料的准备

贴片生产时,客户会提供 BOM(物料表)、PCB、元器件及其他辅助材料,物料员根据 BOM 对来料规格与数量清点确认,并存放入物料库;根据实际生产用量,提取放到转料车上,放入备料区,通知生产线领用。生产线领用材料后,操作员根据元器件封装类型、传送带的宽度和间距来选用合适的供料器。领用后的物料摆放如图 3.24 所示。

2. 带式供料器上料

适合表面贴装元器件的供料器有带式供料器、管式供料器和盘式供料器等。

其中,使用数量最多的是带式供料器。下面以带式供料器为例介绍其上料过程。

　　带式供料器上料前,应先把供料器放到如图 3.25 所示的供料器支架上,然后把物料放到供料器的托盘上,再将料带顺着轨道送到供料器的料站口。带式供料器上料过程如图 3.26 所示。

图 3.24　领用后的物料摆放

图 3.25　供料器支架

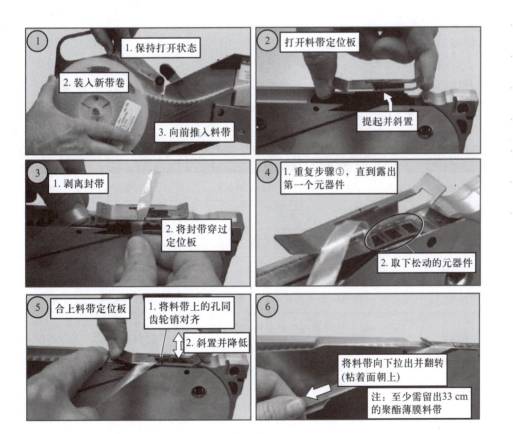

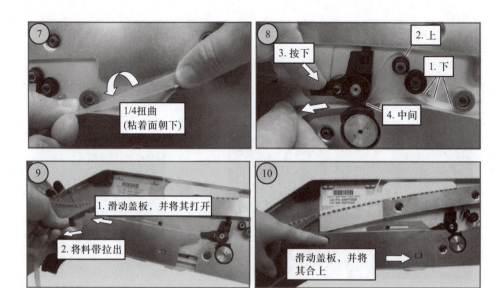

图 3.26　带式供料器上料过程

3. 设备检查

设备检查按照设备日常点检表点检内容进行检查。设备日常点检内容如表 3.6 所示。设备起动前需要检查:电源是否正常,有无杂物在传送带上,每个头的吸嘴是否归位并清洁,急停开关是否正常动作,前后安全盖是否已盖好,每个供料器是否安全地安装在供料站,状态指示灯是否正常亮灯,等等。

表 3.6　设备日常点检内容

点检项目	点检标准	点检方法	点检时间
电源	电源电压正常(200~250 V)	目视确认	起动前
设备外部	清洁	目视确认	起动前
PCB 传输区域	无异物、障碍物	目视确认	起动前
安全盖	安全盖盖好	目视检查	起动前
吸嘴	每个贴装头的吸嘴归位和清洁	确认检查	起动前
供料器	每个供料器安全地安装在供料站上且没有翘起,无杂物或散料	目视检查	起动前
抛料盒	抛料盒内的元器件已清除,确认抛料盒已放好	确认检查	起动前
废纸带箱	清理废纸带箱	手工清理	起动前
气源	气源压力值达到贴片机规定的供气需求(标准在 0.5~0.6 MPa 之间,一般为 0.55 MPa)	目视确认	起动后

续表

点检项目	点检标准	点检方法	点检时间
排热风扇	主机箱排热风扇转动状态良好	手动试验	起动后
各传感器	清洁、工作正常	目视确认	生产前
急停开关	正常动作	手动试验	生产前
状态指示灯	正常亮灯	手动试验	生产前
操作按钮	正常动作	手动试验	生产前
各导轨及传送轴	正常动作	手动试验	生产前
程序	确认程序名为现在生产的程序名	确认检查	生产前

3.3.2　开机登录与设备检查

环球 AC30L 贴片机开机流程如图 3.27 所示。

① 打开设备前的气源开关,确认贴片机主体气源压力值符合供气的需求(标准在 0.5~0.6 MPa 之间,一般为 0.55 MPa)。

② 打开设备总电源开关。

③ 贴片机自动运行 Windows 系统,进入用户登录界面。

④ 用户登录。在登录界面输入用户名和密码登录系统。登录后,贴片机初始化,自动加载、自检一系列初始化程序。

⑤ 初始化结束后,设备进入操作主界面。

⑥ 转动急停开关(旋起),等待进一步指令。此时屏幕上方状态指示栏显示的是"idle"空闲模式。

⑦ 按下主控面板上"START"(开始)按钮,开机完成。

环球 AC30L 贴片机开机主要过程如图 3.28 所示,操作主界面及各区域功能如图 3.29 所示。

⑧ 设备自动回原点。开机完成后,进行归零操作。在图 3.29 所示的操作主界面中,单击"Zero"按钮,按下主控面板上"Start"按钮,设备自动进行回原点操作,所有的移动轴都将回到原始位置。设备回原点的过程中,注意观察设备有无异常卡死或异常响声,发现异常立即拍下设备上的急停开关,故障排除后,再次执行回原点操作。设备回原点结束后,设备自动停止,等待进一步指令。设备自动回原点的界面如图 3.30 所示。

虚拟仿真
贴片机的开机

小贴士
在程序自动加载的过程中,不要乱动键盘和鼠标。

图 3.27　环球 AC30L 贴片机
开机流程图

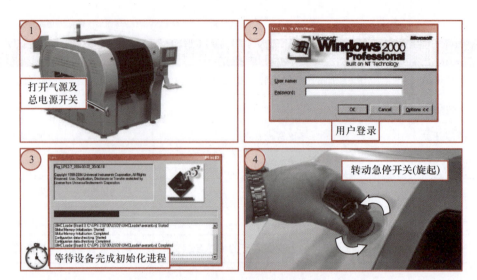

图 3.28   贴片机开机主要过程

在设备回原点动作
的过程中,手最好
放在设备急停开关
位置周围,发现问
题及时拍下设备的
急停开关,避免动
作机构继续动作产
生变形或折断。

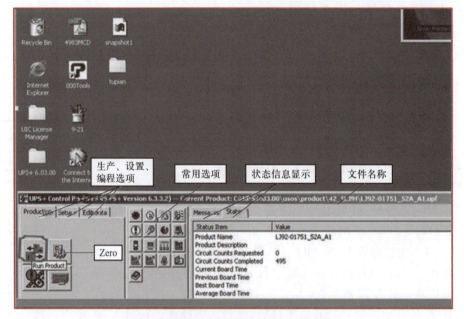

图 3.29   环球 AC30L 贴片机操作主界面

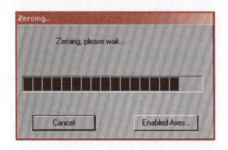

图 3.30   贴片机自动回原点的界面

3.3.3　直接调用生产程序

对已贴装过的产品进行连续生产时，直接调用生产程序，进行自动生产。具体步骤如下。

1. 放入支撑

将 PCB 基板送入贴片机轨道中，打开设备盖板，在适当位置装入 PCB 基板支撑销（顶针），对 PCB 基板进行固定调试，检查支撑销的位置，保证 PCB 基板平整，无塌陷或翘起，使 PCB 基板牢牢地固定在贴片机工作台上。调整完成后，关闭设备盖板，将 PCB 基板送出。放入支撑的过程如图 3.31 所示。

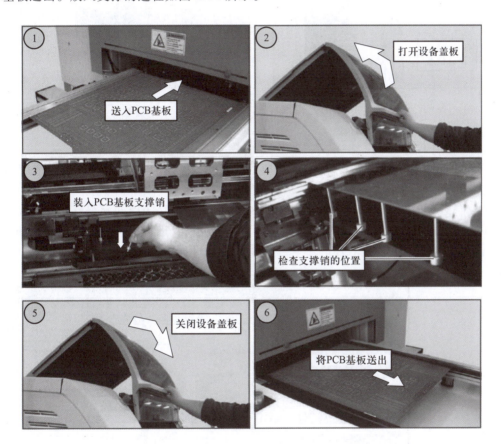

图 3.31　放入支撑的过程

2. 安装供料器

安装带有元器件的带式供料器时，首先按照物料表确认供料器的位置和类型，然后按下供料器后边的卡扣，并将供料器插入贴片机的相应供料站上，供料器上指示灯闪烁表示安装到位，供料器处于活动状态，再安上卡扣。最后，向前送入供料器料带。供料器安装如图 3.32 所示。

上料完毕，需要对所有材料进行再次确认，确保所安装的物料与物料表一致，并确认元器件方向。

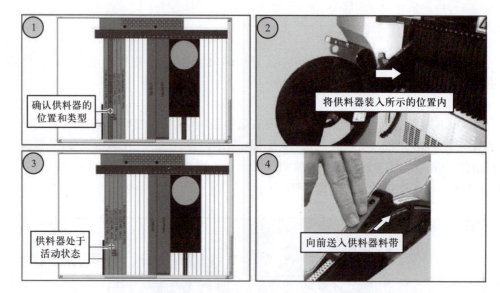

图 3.32　供料器安装

3. 调用生产程序

技术人员根据生产计划安排,调用将要生产的生产程序。单击操作主界面中的
"Production"→"Run Product"(生产模式→安装产品)按钮,在打开的"Run Product"→
"Select a Product File"界面中单击"NPI Production"按钮进入 NPI 调试模式。在右边的
文件框中选中生产需要的程序,单击"Run Product"按钮,进入"Run Product"→"Select
Feeders"窗口。调用生产程序的命令与界面如图 3.33 所示。

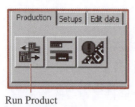

(a) 调用生产程序的命令

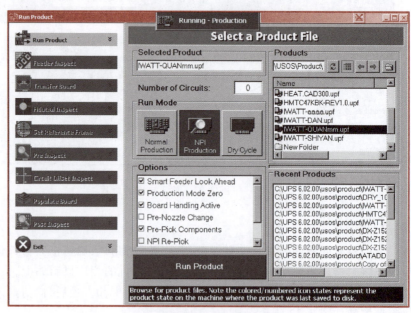

(b) 调用生产程序的界面

图 3.33　调用生产程序的命令与界面

进入"Run Product"→"Select Feeders"窗口后,开始程序调试。具体程序调试步骤见 3.3.5 节。

3.3.4 贴片机编程

对于初次进行贴装的 PCB 基板,贴装前需要进行贴片生产程序编程。生产程序的数据包括基板数据、贴片数据、元器件数据、吸取数据、图像数据等。程序的编制方法主要有离线软件编程和设备程序编辑。通常情况下,工艺人员采用离线软件编程加在线调试的方式完成程序编辑,以减少产品换线时间,便于合理组织生产管理。

下面以环球 AC30L 贴片机为例,选择手机充电器产品的编程任务,介绍贴片机在线生产程序的编辑。手机充电器 PCB 基板如图 3.34 所示。

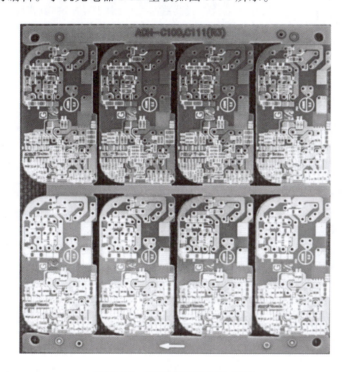

图 3.34 手机充电器 PCB 基板

1. PCB 基板数据编辑

PCB 基板数据通常是指 PCB 的尺寸、拼板信息、MARK 点坐标等。这些数据可以从 PCB 基板设计文件中获得,如果没有设计文件,只能手工测量出来,直接输入对应位置,PCB 基板即可制作完成。具体操作步骤如下。

(1) 进入产品编辑界面

单击图 3.29 所示操作主界面中的"Edit data"→"Product Editor"按钮,系统进到"Advanced Product Editor"界面。程序编辑的命令与界面如图 3.35 所示。

(2) 新建文件

选择"File"→"New"命令,显示如图 3.36 所示的新建文件界面。

(3) PCB 的尺寸编辑

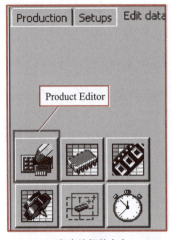

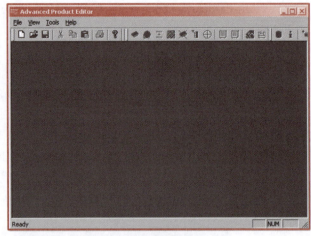

(a) 程序编辑的命令　　　　　　　　(b) 程序编辑的界面

图 3.35　程序编辑的命令与界面

单击"Board"栏右边的"Create"（创建）按钮，在弹出的"Board"（基板）窗口中选择"Figure"（图形）→"Define Rectangle"（定义矩形）命令。在弹出的对话框中输入基板的长度（Length）和宽度（Width）。PCB 的尺寸编辑界面如图 3.37 所示。

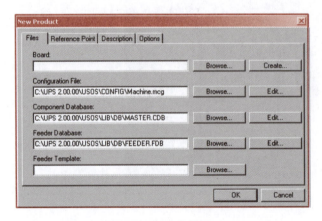

图 3.36　新建文件界面

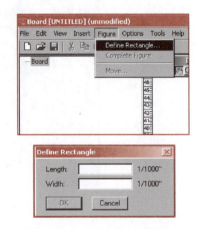

图 3.37　PCB 的尺寸编辑界面

小贴士

本图中所有的尺寸均为英制单位。实际应用中，都以 mm 做单位。

（4）拼板数据编辑

在图 3.37 所示 PCB 的尺寸编辑界面中，选择"Insert"（插入）→"Circuit"（拼板）命令。然后，选择"Figure"（图形）→"Define Rectangle"（定义矩形）命令。输入主拼板的长度和宽度。主拼板如图 3.38 所示。

选择"Insert"（插入）→"Single Offset"（单个偏移）命令。使用基板图纸的数据，为每个拼板输入正确的 X、Y 和 θ 偏移值，如图 3.39 所示。

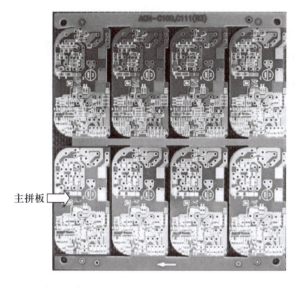

主拼板 ⇨

图 3.38 主拼板

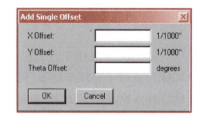

图 3.39 拼板偏移值编辑界面

（5）文件存储

选择"File"（文件）→"Save As"（另存为）命令,然后在弹出的对话框中输入此基板的名称,如图 3.40 所示。

保存后关闭编辑页面,返回到新建文件界面,如图 3.41 所示。

图 3.40 文件存储界面

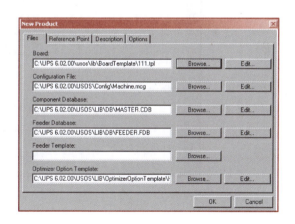

图 3.41 返回的新建文件界面

（6）MARK 点坐标编辑

单击图 3.41 所示界面中"Board"（基板）栏旁边的"Browse"（浏览）按钮,选择刚创建的基板文件,单击"OK"按钮后进入如图 3.42 所示界面。

单击图 3.42 所示界面中的"Fiducial list"（MARK 点清单）图标,出现如图 3.43 所示的界面。

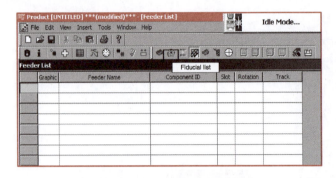

图 3.42　基板文件浏览界面

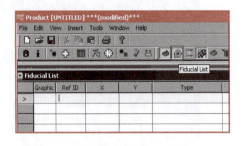

图 3.43　MARK 点坐标编辑界面

Ref ID 为 MARK 点名称;X/Y 即为 MARK 点的坐标;Type 是 MARK 点的型号,在 MARK 点库中有详细设置,包括 MARK 点的形状、尺寸及 MARK 点的搜索范围等参数。 MARK 点库界面如图 3.44 所示。

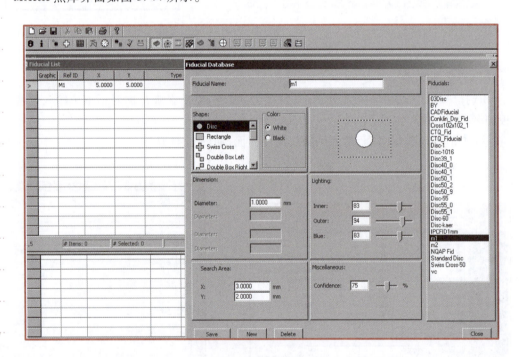

图 3.44　MARK 点库界面

MARK 点通常设置为 2 个,如图 3.45 所示。

2. 贴片数据编辑

贴片数据主要包括元器件名称、对应的材料和封装类型、坐标参数、角度等。这些参数可以直接导入 CAD 数据,没有 CAD 数据的,就需要用尺子量出对应的坐标,对照元器件 BOM 逐一输入。

CAD 数据主要分为 Protel 数据和 Gerber 数据两类,由需要产品加工的企业提供。其中,Protel 数据通常为以 . pcb 为扩展名的 PCB 加工文件,涵盖 PCB 基板参数、元器件位置、元器件封装类型与外形尺寸等信息。通过 Protel 软件的应用,可将其中有用的

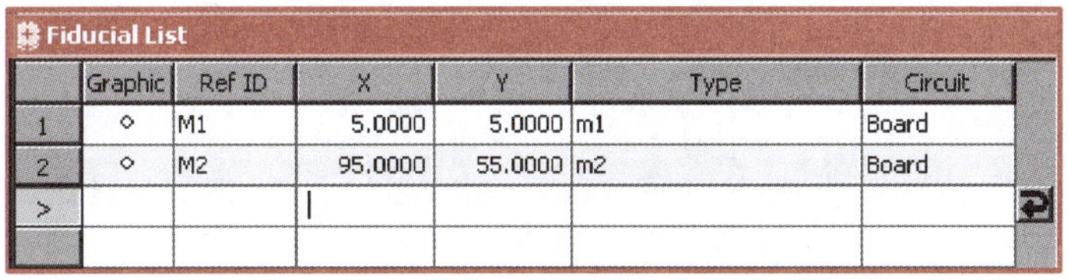
Fiducial List

	Graphic	Ref ID	X	Y	Type	Circuit
1	◇	M1	5.0000	5.0000	m1	Board
2	◇	M2	95.0000	55.0000	m2	Board
>						

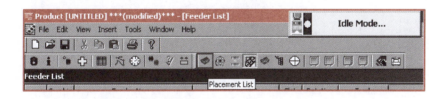

图 3.45 2 个 MARK 点的编辑界面

元器件名称、ID、贴装位置、旋转角度、封装等内容以 CAM 转换方式通过 CSV 或 TXT 格式进行输出。Gerber 文件是美国 Gerber 公司自行制定给该公司所生产的光学绘图机来使用的。通常,有相当一部分企业为生产的统一性与保密性,只提供根据 CAD 格式文件转换的 Gerber 文件供代工企业使用,在这种情况下,必须使用软件进行所需数据的转换。常用的数据转换软件包括 Gerb-CAM、GC-placeo。但是,Gerber 文件不像 CAD 文件那样定义元器件焊盘,而只认为是一个一个的独立焊盘。包括 Ref Name,它也是独立于 PAD 的,转换之前必须先手工定义元器件的焊盘,然后生成 TXT 格式文件。其操作过程相对烦琐,容易出错,且转换的信息相对 Protel 文件来讲,不如后者丰富。两种贴片数据提取之后,都可利用 FlexCAD 或 CAD-HLC 软件进行转换,生成贴片机可识别、编程的数据。

本任务采用 Protel 数据文件导入。

(1) 进入贴片数据编辑界面

单击界面上部的“Placement List”图标,如图 3.46 所示。

图 3.46 进入贴片数据编辑界面的命令

进入贴片数据编辑界面,定义所有元器件名称、元器件类型及贴装位置等。Ref ID 为将要贴装的元器件的名称,Component ID 是此元器件的类型与封装形式,X/Y 是此元器件的坐标,Theta 为贴装角度。贴片数据编辑界面如图 3.47 所示。

(2) X/Y 坐标值编辑

得到 X/Y 坐标值的方法有几种:根据前面定义的 PCB 数据;通过手动量取(有的设备可以使用镜头找到),这个过程比较烦琐;通过 PCB 数据生成后输入,下面介绍该方法。

① 调整 PCB 旋转方向。从 PCB 文件中直接导出贴装坐标,要求 PCB 旋转方向应与 PCB 的进板方向一致。调整 PCB 旋转方向的命令如图 3.48 所示。

② 设置 PCB 坐标原点。设置 PCB 坐标原点的命令如图 3.49 所示。

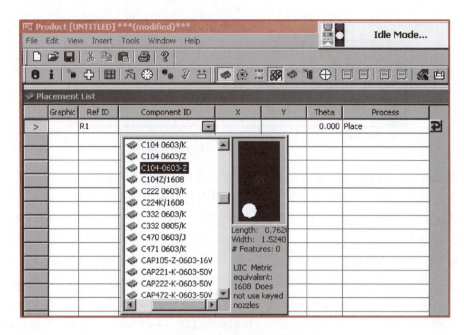

图 3.47　贴片数据编辑界面

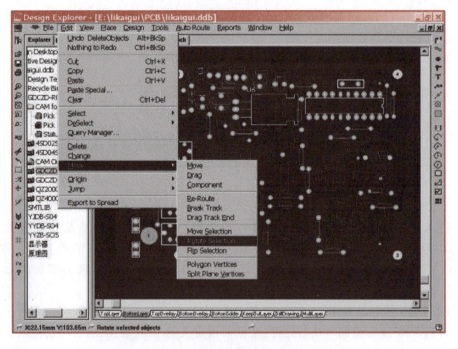

图 3.48　调整 PCB 旋转方向的命令

③ 删除直插件。逐一删除直插件的命令如图 3.50 所示。

④ 保存只有贴片件的 PCB 文件。删除完直插件后,把只有贴片件的 PCB 进行重新保存。保存文件的命令如图 3.51 所示。

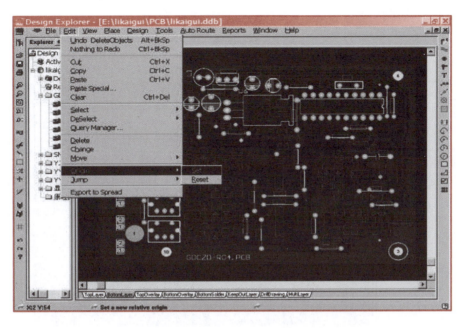

图 3.49　设置 PCB 坐标原点的命令

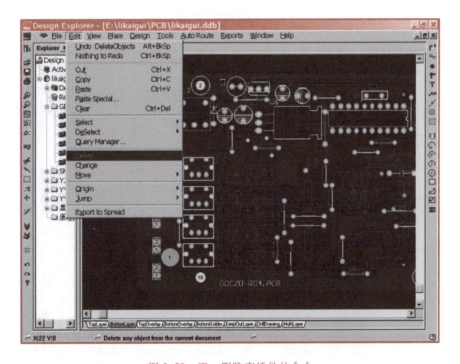

图 3.50　逐一删除直插件的命令

⑤ 导出坐标值。导出坐标值的命令如图 3.52 所示。
导出坐标值文件的过程如图 3.53 所示。

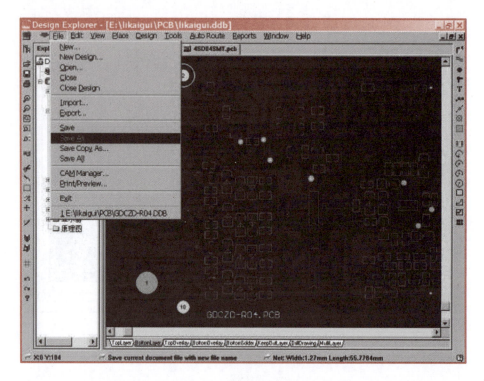

图 3.51　保存文件的命令

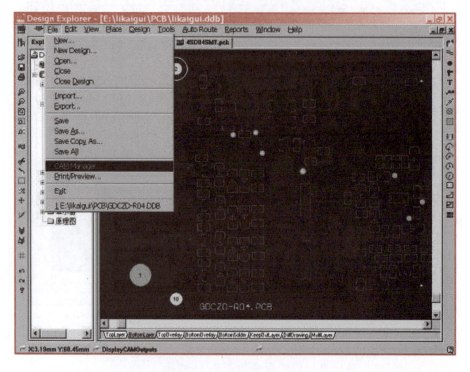

图 3.52　导出坐标值的命令

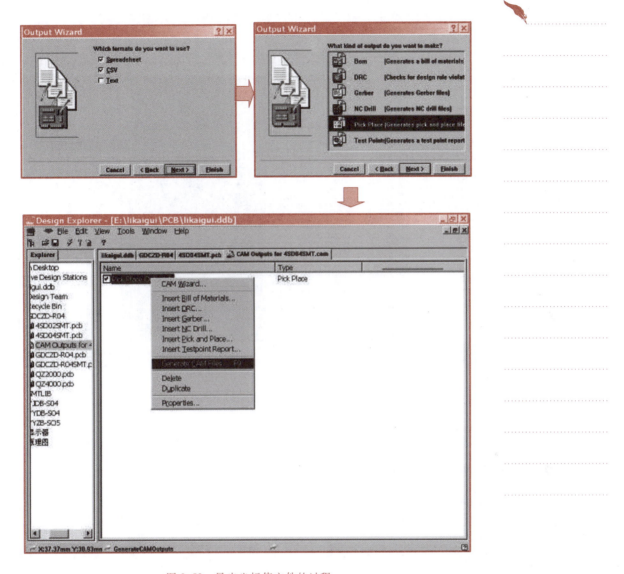

图 3.53 导出坐标值文件的过程

在导出的坐标值文件中留下 MidX、MidY,将其他坐标值删除,如图 3.54 所示。

用 Excel 软件打开刚才生成的坐标值文件,如图 3.55 所示。

按照已有设备的格式调整数据格式,然后把文件另存为 CVS 或者 TXT 文件,按照设备的要求或者规格进行调整,有的设备可以作为 ASCII 文件直接导入,有些设备则不具备这样的功能,需要手动输入。

(3)元器件角度编辑

对于元器件角度,必须遵循以下规定:以元器件横放为 0°,顺时针旋转为负角度,逆时针旋转为正角度,此原则适用于 SMT 行业其他相关角度旋转规则,如图 3.56 所示。

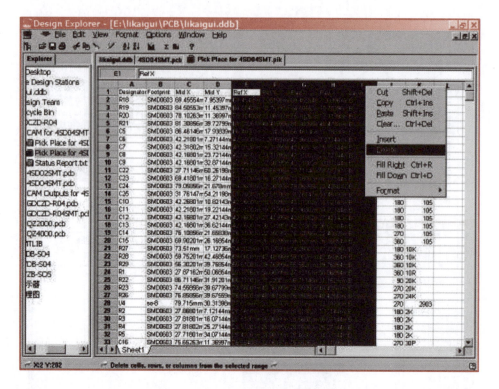

图 3.54 删除坐标值文件中的部分坐标值

图 3.55 用 Excel 软件打开坐标值文件

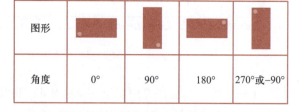

图形				
角度	0°	90°	180°	270°或−90°

图 3.56 元器件角度定义原则

3. 元器件数据编辑

元器件数据编辑包括手工测量和数据库应用两种方式。手工测量是指使用测试工具精确测量当前元器件三维尺寸并输入,根据元器件包装确定选用何种供料方式及供料间距等信息。在某些情况下还需指定吸嘴型号和检测算法等内容。数据库应用是指应用注册元器件数据(包括图像数据)的程序库。它将制成的元器件数据注册到数据库,并用元器件名进行管理。制作生产程序时,只要指定数据库中已注册的元器

件名,即可很容易地制作元器件数据,避免手工测量带来的偏差及后期在线调试所消
耗的时间。数据库可根据企业指定统一规范编制,也可从相关设备备份或升级获取。
本任务元器件数据编辑如下。

打开 Component ID 下拉菜单,元器件库中的文件就会呈现出来,根据 BOM 中定义
的元器件类型,选择正确的元器件,如果它们在数据库中存在,可以直接选择使用,如
图 3.57 所示。

如果数据库中没有所需要的元器件类型,则需要重新添加或编辑。例如:要编辑
一个元器件类型 C104-0603-Z,而此时数据库中没有此类型,那么可以选择一个外形
尺寸和它相同的元器件进行编辑,如图 3.58 所示。

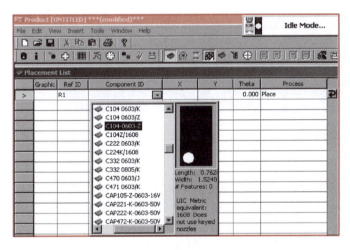

图 3.57 元器件类型选择菜单

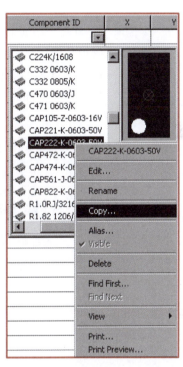

图 3.58 选择元器件界面

在选中的材料类型上右击,在弹出的快捷菜单中选择"Copy..."命令,在弹出的对
话框中输入"C104-0603-Z",如图 3.59 所示,单击 OK 按钮,这样新添加的材料类型就
有了。然后单击 Component ID 空白处,选择刚刚编辑完成的材料类型即可。

如果数据库中没有外形尺寸相同的类型则需手工测量添加。

4. 图像数据编辑

对于 IC 类元器件(BGA、细间距 QFP、CSP 等),为了保证其贴装精度,避免出现偏
移、扭转等不良现象,与 R、C 相区别,对中方式须采用镜头识别,进行图像数据的制作,
元器件贴装过程最大限度地保证位置、角度精度。制作图像参数时,必须精确,各引脚
尺寸等参数必须与实物相符,如图 3.60 所示。

图 3.59　新添加的材料类型

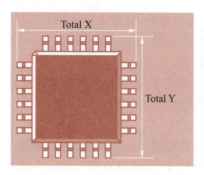
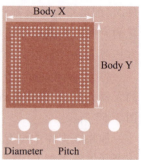

图 3.60　图像参数制作

5. 吸取数据编辑

吸取数据包括抛料方式、供料器信息及吸嘴类型等。

（1）抛料方式设置

单击界面上部的"Feeder List"图标，如图 3.61 所示，在界面中可以看到产品的供料器列表。

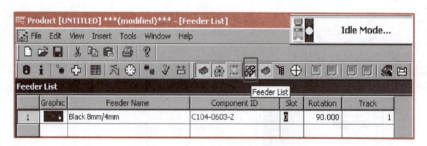

图 3.61　供料器列表界面

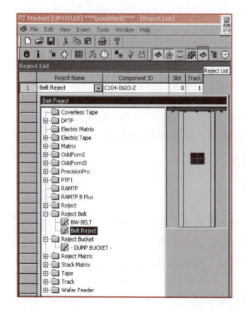

图 3.62　抛料方式设置界面

单击界面上部的"Reject List"图标，可以看到所有供料器使用的抛料方式，如图 3.62 所示。经常采用的抛料方式有两种：一种是"DUMP BUCKET"，一般都集成在贴片机的头部，在进行抛料动作时，可以免去多余的抛料行程；一种是"Belt Reject"，是专用的抛料轨道，需要在"Slot"中定义它的站位，然后将抛料轨道安装到指定站位上。通常的小规格 Chip 元器件，采用"DUMP BUCKET"方式；尺寸偏大的 IC 类元器件或其他异形元器件，采用"Belt Reject"方式，这种方式的优点是不会对 IC 引脚等易损、易弯折的元器件造成损伤。如果采用了"Belt Reject"方式，在"Slot"中定义站位时，必须要将用到"Belt Reject"方式的都设置为同一个站位，如果选择不同的站位，会给后面的操作造成很多麻烦。

（2）吸嘴型号确定

在界面左侧选中"Placements"选项，右侧所罗列的是贴片机将要贴装的所有元器件的列表，如图 3.63 所示。Spindle 表示用到的是第几个头，Nozzle 表示的是吸嘴的型号,吸嘴型号在元器件数据库中已经做了相对应的设置(吸嘴型号的设置主要是根据元器件尺寸来定义的,软件在元器件数据库中已经设定好,选择材料类型的时候,吸嘴型号直接就被指定了,一般情况下无须更改)。

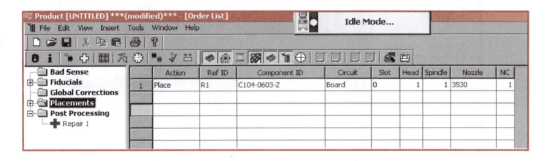

图 3.63　所有元器件的列表

6. MARK 点添加

单击界面上部的"Order list"图标,再展开"Fiducials"选项,可以看到如图 3.64 所示的界面。这部分显示的就是前面做的 MARK 点,必须把 MARK 点添加到贴片机的执行程序当中,贴片机才能执行识别 MARK 点的动作。

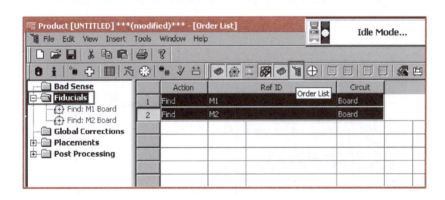

图 3.64　MARK 点显示界面

选中列表里的两个 MARK 点 M1、M2,单击鼠标右键,在弹出的菜单中选择"Insert"→"Global Correction…"命令,如图 3.65 所示。

在弹出来的如图 3.66 所示对话框中,按住 Ctrl 键并单击 Fiducials 列表中的 M1、M2,会看到在右侧小窗口中,两个 MARK 点被添加到 PCB 上,然后单击"OK"按钮即可。

7. 程序优化

最后要完成的步骤就是程序优化。单击界面上部的"Optimize"图标,如图 3.67 所示。

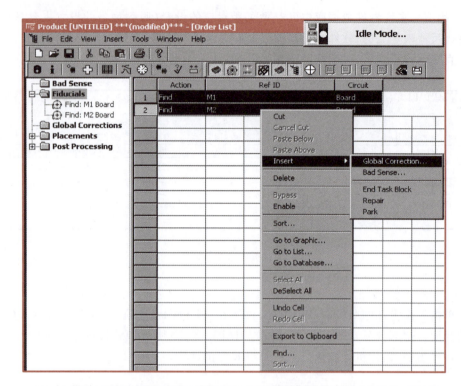

图 3.65　打开标记点添加界面

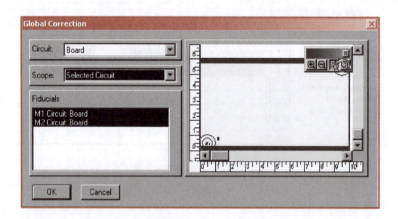

图 3.66　标记点添加对话框

图 3.67　程序优化命令界面

在弹出来的如图 3.68 所示对话框中,会看到一些优化选项。

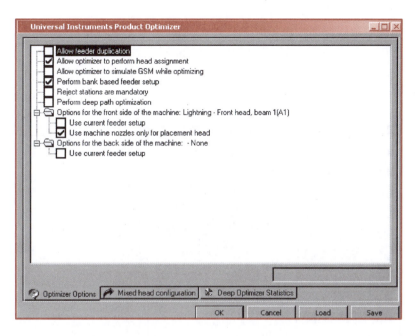

图 3.68　程序优化选项对话框

① Allow feeder duplication:允许一种材料分配成多个供料器。

② Allow optimizer to perform head assignment:允许自动分配头实现最优化。

③ Perform bank based feeder setup:允许供料器在指定工作台上优化。

④ Reject stations are mandatory:抛料站位置优化。

⑤ Perform deep path optimization:执行深入优化。

⑥ Use current feeder setup:使用当前供料器设定/供料器所对应的站位不发生改变。

⑦ Use machine nozzles only for placement head:使用机器现有的吸嘴配置。

一个新程序在编写完毕后,必须要执行优化,通常所选的优化选项是:Allow optimizer to perform head assignment 和 Perform bank based feeder setup。

 注意

如果一个程序的供料器站位已经排列好,而且相应的站位材料已经装上,要进行优化时,必须选择"Use current feeder setup"选项,如果没有勾选此项,供料器位置可能会发生变化,再次调用生产程序时,必须按照贴片机上料菜单现有的站位列表,装入相应的材料,否则会出现错料,造成严重的品质事故,切记!

优化完毕后,保存退出编辑界面,转到生产界面,调用刚刚编辑好的生产文件,进行调试,确认所编写的程序是否能够满足正常生产。

3.3.5   贴片机调试

1. 调用刚刚编辑好的生产程序

单击主界面中的"Production"→"Run Product"按钮,在打开的"Run Product"→"Select a Product File"界面中,选择"NPI Production"调试模式,在右边文件框中选中刚刚编辑的程序名,单击"Run Product"按钮。调用生产程序的界面如图 3.69 所示。

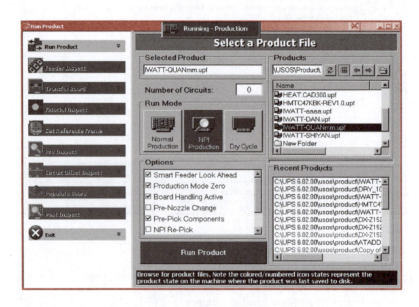

图 3.69   调用生产程序的界面

2. 供料器吸料位置校正

单击"Run Product"按钮后,进入"Run Product"→"Select Feeders"(选择供料器)界面,如图 3.70 所示。单击"Inspect"选项,出现"Inspect Feeders"(供料器吸料位置确

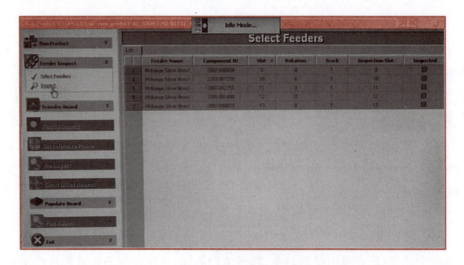

图 3.70   选择供料器界面

认）对话框,如图 3.71 所示。贴装头移到供料器吸料位置上,对吸料位置进行校正。单击"Cycle Feeders"按钮,逐个对所有供料器吸料位置进行确认。发现中心位置偏移的吸料位置,单击右侧上下左右箭头进行移动,完成校准。单击"Auto"向右按钮,对下一料站进行吸料位置校正,并单击"Update Pick"按钮确认。所有供料器吸料位置全部校正。

3. MARK 点校准识别

供料器吸料位置全部校正完成后,在窗口左侧单击"Transformer Board"选项,将 PCB 以正确的方向从贴片机进板口放到贴片机轨道上,在出现的如图 3.72 所示 "Transfer Board"窗口中单击"Board in"按钮,将电路板传入贴片机轨道中,贴片机夹板装置将其固定好。电路板传入设备后,在窗口左侧选择"Fiducial Inspect"→"Select Fiducials",选中右侧窗口列出来的 Mark 点坐标,如图 3.73 所示。

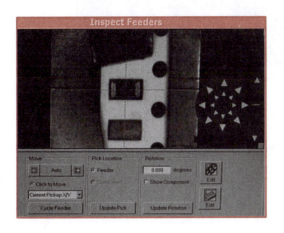

图 3.71 FEEDER 吸料位置校正的界面与命令

图 3.72 电路板传入命令

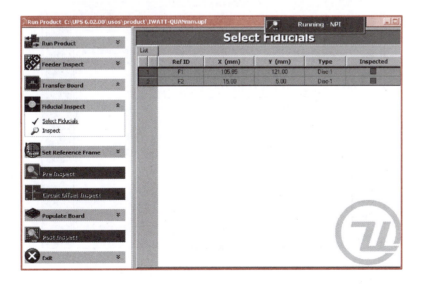

图 3.73 MARK 点校准选择列表界面

单击"Inspect"按钮,对 MARK 点进行识别。识别通过后,屏幕下方会有提示"Fiducial found",在屏幕视觉窗口上会看到 MARK 点中间会有个绿色的十字,如图 3.74 所示。如果贴片机无法识别 MARK 点,会提示"Fiducial Not found"。一个 MARK 点识别通过后,单击"Move"下方向右的箭头,贴片机镜头会移到下一个 MARK 点上面进行识别。

图 3.74　MARK 点识别界面

如果 MARK 点识别没有通过,单击图 3.74 视觉窗口下方的"Edit"按钮,系统弹出如图 3.75 所示的 MARK 点数据编辑对话框。该对话框各区域功能介绍如下:

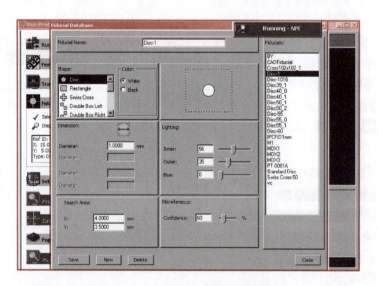

图 3.75　MARK 点数据编辑对话框

① Color 下的 White 和 Black 是指 MARK 点反不反光,反光选 White,否则选 Black。

② Dimension 下的 Diameter 是指 MARK 点的直径。

③ Lighting 下的 Inner、Outer 和 Blue 是镜头亮度的调节选项。

④ Search Area 是指 MARK 点的搜索范围。

⑤ Miscellaneous 是指 MARK 点的误差/匹配度。

两个 MARK 点都识别通过后,在窗口左侧单击"Set Reference Frame"选项,在右侧窗口中单击"Set Reference Frame"按钮,如图 3.76 所示,贴片机自动执行两个 MARK 点的识别动作。

图 3.76　自动执行 MARK 点识别动作的界面

4. 贴装坐标校正

MARK 点识别完成后,选择"Per Inspect"→"Select Placements"选项,右侧窗口出现元器件坐标列表,如图 3.77 所示。

选中屏幕右侧窗口的元器件坐标列表,单击"Inspect"按钮,进入如图 3.78 所示的"Inspect Placements"(元器件坐标校准)界面,贴片机对所有元器件坐标进行校准。如果发现屏幕中间十字位置没有正好在元器件中心位置,可以通过调节视觉窗口中的蓝色方向盘,将十字调至元器件中心位置,调整好后双击视觉窗口下方的"Update X/Y"按钮,校准好的当前坐标将写回到之前编写的元器件坐标中。

> **小贴士**
>
> 因为手工量取的坐标肯定存在偏差,在校准元器件坐标的时候,一定要把焊盘标明的位置与程序中编写的"Ref ID"一一对应起来,否则会导致误贴。在所有坐标校准后,需要对其进行再次确认,确保程序的准确无误。

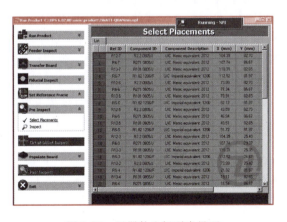

图 3.77　元器件坐标列表界面

图 3.78　元器件坐标校准界面

3.3.6　首件生产与检验

1. 首件生产

校准完毕后,选择"Populate Board"（试贴装）选项,出现如图 3.79 所示的
"Populate Board"界面。此时屏幕顶端状态栏会显示"Close Doors Press'Start'…",确认
各安全门关好后,将印刷良好的 PCB 投入贴片机中,按下贴片机主控面板上的
"START"按钮开始试生产,试生产过程中,随时观察贴片机运转情况,若出现吸料不
良、抛料等异常情况,及时进行调试,完成首件的生产。

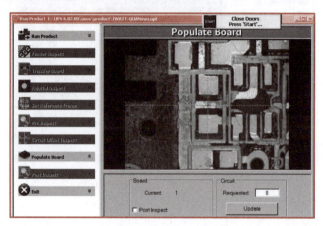

图 3.79　"Populate Board"界面

通常的 SMT 生产线配置有两台贴片机,前面一台为高速机,主要贴装尺寸相对小
的 Chip 类元器件;后面一台为多功能贴片机,主要贴装 IC 类元器件或其他大型的连接
器及其他异形元器件。PCB 进入高速机完成 Chip 类元器件的贴装后,自动传入后面
的多功能贴片机。多功能贴片机完成相应元器件的贴装后,PCB 被传出。

2. 首件确认

技术人员对贴装完成的 PCB 元器件方向及有无少件、翻件、偏移等不良现象进行确
认,发现问题及时对贴片机程序进行调整。品控人员对生产完成的首件,对照 BOM 或样
品板,进行首件确认。确认时重点确认电解电容、二极管、IC 等方向性元器件。对于电容
类元器件,必须用电容表对其电容值进行逐一确认,确保产品与 BOM 完全一致;对于电
阻类元器件,必须认真确认其误差是否与 BOM 一致,发现问题及时向技术人员反馈,进
行再次确认和调整。首件确认无误后,退出 NPI 模式,选择正常生产模式进行批量生产。

虚拟仿真
贴片机的关机

3.3.7　批量连续贴片

品控人员对首件确认无异常后,在如图 3.80 所示的调用生产程序界面中选中正
常生产模式,开始批量连续贴片。开始生产的前 3 块 PCB 必须认真确认贴装状态,保
证贴装质量无异常。

3.3.8　关机

生产结束后,设备要关机。操作人员首先按下急停开关,关闭显示屏上所有打开的

图 3.80　调用生产程序界面

应用程序,等待 15 s,然后关闭计算机,再关闭设备总电源和气源开关。关机主要过程如图 3.81 所示。

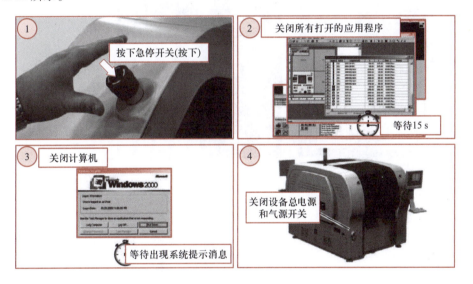

图 3.81　关机主要过程

3.3.9　日清洁

生产完毕后,收集设备内散料,用干净无尘布蘸取酒精清洗设备前后壳面、操作台、键盘、显示器、轨迹球等。

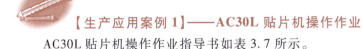

【生产应用案例 1】——AC30L 贴片机操作作业

AC30L 贴片机操作作业指导书如表 3.7 所示。

【生产应用案例 2】——贴片机程序管理作业

贴片机程序管理作业指导书如表 3.8 所示。

表 3.7　AC30L 贴片机操作作业指导书

作业指导书	作业名	适用工程	全型号产品	适用产品	贴片机操作	生产工程
REV 1.0						

1. 开机
1.1 打开总电源开关
1.2 出现 Windows 画面,进行机器登录,输入用户名及密码
1.3 设备进行初始化操作
1.4 转动急停开关
2. 关机
2.1 按下急停开关
2.2 关闭所有正在打开的应用程序
2.3 关闭 Windows
2.4 关闭总电源开关
3. 生产
3.1 在供料站上安装供料器
① 将供料器放到供料器支架上,安装物料。
② 确认供料器的位置和类型,将物料装入相应的站位上。
3.2 安装完毕进行扫描
用扫描器对每个供料站进行扫描。确认物料安装是否正确。
3.3 扫描完成后,关闭机器外盖,送入基板,弹起 CYCLE STOP 按钮,按下 START 按钮,机器归零后,送入基板,弹起生产
3.4 生产过程中对所更换物料按照《SMT 对料流程》进行核对,确认物料的规格、板性、厂家等
4. 生产完毕后,收集设备内散料,对设备内部进行清扫

急停开关　CYCLE STOP　START　总电源开关

制作日期
文件编号

使用部件

编号	部件名称	规格
1		
2		
3		
4		
5		
6		

使用工具及仪器

编号	工具名	工具规格
1	贴片机	AC30L
2		
3		
4		
5		
6		

相关文件

编号	文件名称	数量
1		
2		
3		
4		

重点管理事项	不良现象记录		
	编号	日期	内容
	1		
	2		
	3		

软件变更记录		
编号	日期	内容
1		
2		
3		

制作部门	制作	审核	批准	拟制	批准

表 3.8　贴片机程序管理作业指导书

文件编号	贴片机程序管理作业指导书			拟制	审核	批准
适用工程	贴片机					
适用产品	全型号产品	版次	A/O	页码	实施日期	

1. 新程序管理

（1）确定编程依据

可选的编程依据有以下几种：

a. QC 部门下发的 PART LIST。b. 顾客提供的坐标文件。c. 顾客提供的新产品样板。

（2）编写程序

编制方式可选择在线编写，也可选择离线进行。主要对以下项目进行编写设置：

a. PCB 信息：长度、宽度、厚度、拼板数等。

b. MARK 点信息：名称、X 坐标、Y 坐标、尺寸、形状、反光属性、反光亮度等。

c. PCB 原点信息：X 坐标、Y 坐标。

d. 贴装信息：位置号、X 坐标、Y 坐标、贴装角度、贴装元器件号码等。

e. 元器件信息：名称、尺寸、规格、封装形式、所用供料器类型、吸取高度、贴装高度、吸取速度、贴装速度、所用吸嘴型号等。

（3）程序调试、优化

程序编写完毕，在线确认程序各项参数设置，无误后进行机器间优化、产生最优化路径。

（4）程序确认及登记

技术主管对程序编制进行确认。

（5）试生产、首件确认

贴片机操作员按照设备上的物料表安装物料，进行试生产。首件产出后，PQC 核对确认有无偏移、错件、少件、反向、多贴、溢胶等不良现象。

发现不良现象时通知技术员确认程序。

（6）连续生产、进一步确认

首件确认无误后，开始连续生产。期间技术员跟踪观察设备，确认吸取率、贴装率、机器间同生产时间平衡性有无异常，对不良点分析原因并改善，保障程序达最佳状态。

（7）备份程序，并填写《程序管理记录》

程序满足生产最佳需求时，在计算机上做备份管理。记录程序的制作信息，填写内容包括程序编制日期、程序名称、确认人等。

（8）制作新产品物料表

制作新产品量产时，技术员提供物料信息，报生产统计部门制作物料表，方便员工对料。

（9）同题点整理

生产、技术部门将编程、生产过程中的问题汇总记录，通报相关部门协调改善。

续表

2. 程序日常管理

程序的日常管理主要针对物料、PCB 属性发生不可预测变更时对程序的调整。

(1) 物料尺寸、颜色、反光度等发生变化时，对物料的相应属性、贴装参数、吸取参数等进行适当调整。

(2) PCB 的焊盘尺寸及在 PCB 上的相对位置发生偏差时，要及时调整部件的贴装坐标。

(3) MARK 点形状、尺寸、反光度等发生变化时，调整对应参数，使之满足机器识别需要。

(4) 同一线别设备同加工时间不能达到平衡时，对物料的安装位置进行调整，调整后备份程序，相关文书应做相应调整，如物料表、作业指导书等。

(5) 针对前面的 (1)~(4) 项程序调整后，每个月对程序备份 1 次。

3. 程序变更管理

(1) 接收程序变更依据及内容

QC 部门下发的变更通知书、通知、变更指示书等书面文件均可作为变更依据。

(2) 修改程序

修改程序时注意对程序名版本升级，在程序名称后加入 A、B、…进行版本记录。

(3) 程序确认及登记

技术主管对程序修改情况进行确认，防止修改错误。

(4) 程序调试、确认

技术员对程序进行在线调试，PQC 确认首件，技术员重新确认各项吸取率、贴装率，机器间同的时间平衡性。

(5) 备份程序，并填写《程序管理记录》

程序满足生产最佳需求时，在计算机上做备份管理。

(6) 相关文件变更

物料表、作业指导书等相关文件对变更内容做相应变更。

重点管理事项	软件变更记录			使用工具及设备	支持性文件	变更记录
	版状	变更日	变更内容			
MARK 点应选取形状规则、反光亮度强的标志或通透性好的小孔				贴片机 移动硬盘 LCR		《程序管理记录》

由于贴片终端设备的特性，系统参数设置及工艺过程对制造工艺稳定性影响甚微，造成缺陷的主要原因是设备长期高强度、大负荷运转及机械配件磨损严重和保养不当。随着新材料和新工艺的应用，设备的可靠性日益提高，60%以上的设备故障率曲线只有初始故障期，却无耗损故障期。盲目定期大修会引入新的初始故障期，增加设备故障率。由于设备不同部件的运动、负载、工作环境不同，因而磨蚀、老化、损坏也不同，局部修理和组件维修更经济合理。如何控制设备状态缺陷，确保正常运行状态，成为改善贴片质量，提高运行效率的重要因素。根据设备操作手册、维护手册进行检修和故障排除，可有效提高设备稳定运行周期，减少维护不当导致的贴片故障。贴片机低损耗、高效率、高质量的贴装，是靠切实有效的规章制度和管理措施来保证的。

本任务以环球 AdVantis 系列贴片机保养为例进行介绍。

3.4.1　保养工具、材料及注意事项

贴片机维护保养时，常用的工具和材料包括无尘布、无尘棉签、真空吸尘器、真空压力表、注油器、乙醇清洁液等，如图 3.82 所示。为保证安全，贴片机维护保养时，操作员要穿上保护服，切断贴片机电源，设备处于停机状态。

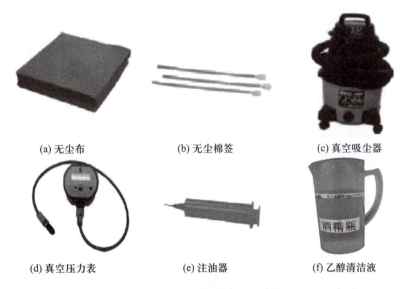

(a) 无尘布　　　　　　(b) 无尘棉签　　　　　　(c) 真空吸尘器

(d) 真空压力表　　　　(e) 注油器　　　　　　(f) 乙醇清洁液

图 3.82　部分保养工具与材料

3.4.2　贴片机的日常检查与保养

微课
贴片机的保养

贴片机日常检查与保养包括检修、清扫等初级维护。

日常检修与保养能及时清除生产过程中飞溅，回收抛弃的元器件，减少加工部件损耗，降低成本支出。同时确认贴片机运行状态，发现影响机器稳定工作的各种因素并实时处理。日常检查与保养项目表如表3.9所示。

表 3.9　日常检查与保养项目表

日常检修项目			检查、保养周期	
处理方法	检修项目	处理确认方法	起动前	生产后
检修	空气压力	标准值为 0.55 MPa，压力值偏离0.5~0.6 MPa 时，确认传输管道是否有空气泄漏	●	
		空气压力下降至 0.1 MPa 左右时，更换进气端过滤器	●	
	状态指示灯	正常亮灯	●	
	急停开关	正常动作	●	
	操作按钮	正常动作	●	
	各导轨及传送轴	正常动作	●	
清扫	设备外部	清扫		●
	供料器	清洁、无散料		●
	各传感器	清洁、工作正常	●	
	Table 运动区域	无异物、障碍物		●
	吸嘴	清洁、无破损、回弹自如		●
	各导轨及传送轴	除去灰尘、油污		●

3.4.3　贴片机的修正保养

贴片机的修正保养指的是在故障情况下进行的保养。环球 AdVantis 系列贴片机修正保养项目如表3.10所示。

表 3.10　环球 AdVantis 系列贴片机修正保养项目表

保养项目	保养内容	保养项目	保养内容
Lightning 贴装头	清洗编码器磁环	FJ3 贴装头	清洗卷带销镜头
	清洗旋转轴总成	定位系统（线性电动机）	清洗编码器读取头
	清洗文氏旋转轴总成		清洗和润滑 X 轴和 Y 轴电动机定子（防锈）
	校正真空压力		
	校正 Airkiss 压力	清洗/更换吸嘴	

修正保养过程与步骤如下。

1. Lightning 贴装头保养

（1）清洗编码器磁环

① 贴装头移到中间位置。在系统操作界面上单击手动控制移动按钮,出现手动控制(Manual Control)窗口。单击 1,贴装头移动到位置 1(设备左前方),设定合适轴速(步进距离),单击移动按钮将贴装头移到中间位置。

② 设置设备空闲状态。关闭窗口,单击空闲模式,状态栏变成黄色空闲状态。

③ 清洗编码器磁环。打开机盖,用无尘布蘸取异丙醇,沿一个方向转动旋转轴清洗编码器磁环。清洗编码器磁环如图 3.83 所示。

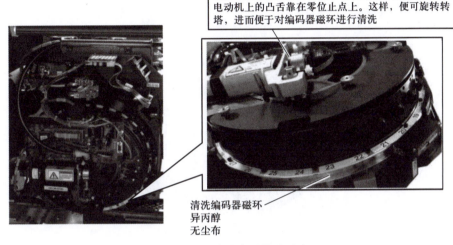

注：为方便拆卸旋转轴上的Z轴驱动总成，必须将Z轴电动机上的凸舌靠在零位止点上。这样，便可旋转转塔，进而便于对编码器磁环进行清洗

清洗编码器磁环
异丙醇
无尘布

图 3.83　清洗编码器磁环

（2）清洗旋转轴总成和文氏旋转轴总成

① 切断贴装头的电源。在系统操作界面上单击"Head Subsystem Control"按钮,进入"Head Subsystem Control"窗口,选择"Head Date"菜单,切断贴装头的电源。

② 关掉气源。界面提示关掉气源,关掉气压。

③ 用螺丝刀拆下旋转轴,拆下贴装头下外壳。

④ 清洗旋转轴和文氏旋转轴。用干燥的无尘棉签清洁气路,用管路清洁棒清洁顶针气路,用无尘布蘸取异丙醇清洁顶针外部,用钢丝清洁文氏旋转轴。清洗旋转轴和文氏旋转轴如图 3.84 所示。

⑤ 安装到贴装头。清洁完成后,用螺丝刀组装旋转轴,并给压簧顶部润滑,安装到贴装头。

（3）校正真空压力

① 取下吸嘴。在系统操作界面上单击"Head"→"Changer Setup"按钮,进入"Head"→"Changer Setup"窗口,选择"Spindle Date"菜单,关闭 Vacuum,取下吸嘴。

② 产生真空压力。单击"Head Subsystem Control"按钮,进入"Head Subsystem Control"窗口,使各旋转轴产生一定的真空压力。

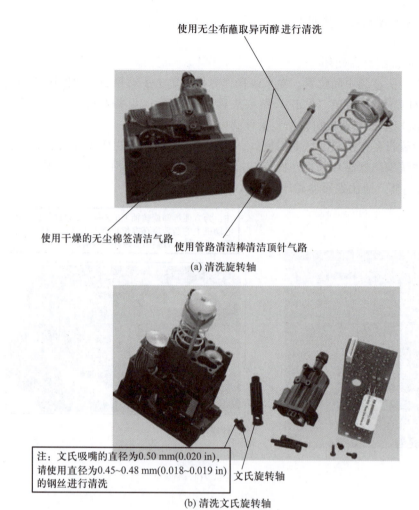

使用无尘布蘸取异丙醇进行清洗

使用干燥的无尘棉签清洁气路

使用管路清洁棒清洁顶针气路

(a) 清洗旋转轴

注：文氏吸嘴的直径为0.50 mm(0.020 in)，
请使用直径为0.45~0.48 mm(0.018~0.019 in)
的钢丝进行清洗

文氏旋转轴

(b) 清洗文氏旋转轴

图 3.84 清洗旋转轴和文氏旋转轴

③ 测试真空压力。接入真空计，测试真空压力。若压力不符合要求，需要调整设备总气压。

④ 安装吸嘴。测试完成后，安装吸嘴。

校正真空压力的过程如图 3.85 所示。

（4）校正 Airkiss 压力

校正 Airkiss 压力的过程同校正真空压力基本相同，具体如图 3.86 所示。

2. FJ3 贴装头

FJ3 贴装头带有卷带销镜头，其保养过程如下。

（1）降低所有旋转轴

使用 Discrete I/O 降低所有的旋转轴。

（2）前卷带销镜头清洗

使用异丙醇和无尘棉签对前卷带销镜头进行清洗。

（3）后卷带销镜头清洗

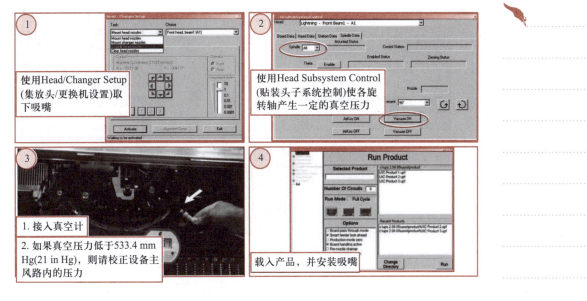

图 3.85 校正真空压力的过程

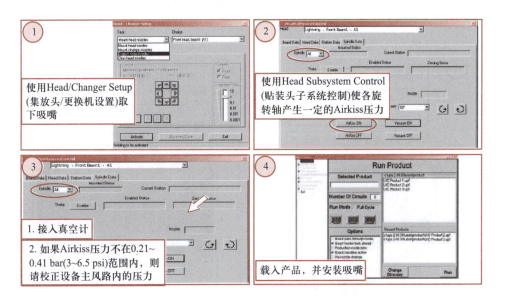

图 3.86 校正 Airkiss 压力的过程

使用异丙醇和无尘棉签对后卷带销镜头进行清洗。

FJ3 贴装头卷带销镜头保养过程如图 3.87 所示。

3. 定位系统

（1）清洗编码器读取头

① 浸湿清洁纸。将清洁纸对折,用异丙醇浸湿清洁纸的两侧。

② 清洗编码器读取头。将清洁纸沿读取头和线性标尺之间的缝隙插入,来回擦拭。擦拭完成后,沿纸张折叠的一侧将清洁纸从缝隙中取出。

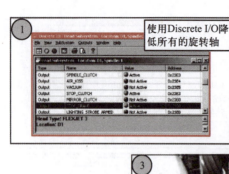

图 3.87   FJ3 贴装头卷带销镜头保养过程

③ 干燥清洁。使用干燥的清洁纸重复上述步骤。

清洗编码器读取头过程如图 3.88 所示。

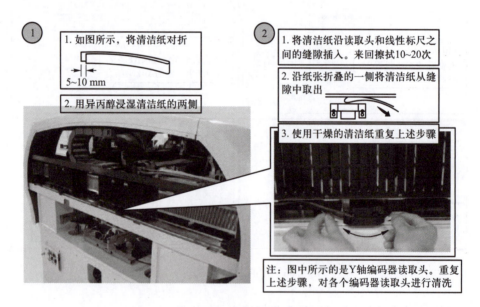

图 3.88   清洗编码器读取头过程

（2）清洗和润滑 X 轴和 Y 轴电动机定子(防锈)

清洗和润滑 X 轴和 Y 轴电动机定子过程如图 3.89 所示。

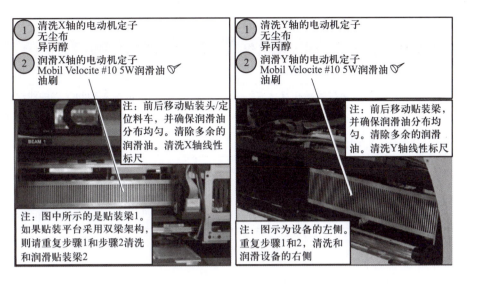

图 3.89   清洗和润滑 X 轴和 Y 轴电动机定子过程

4. 清洗/更换吸嘴

从贴装头吸嘴夹具上取下吸嘴,放入放好水的超声波清洗机里。设定合适的清洗时间,自动清洗吸嘴。清洗后,用气枪吹干胶嘴,并吹净吸嘴孔。同时检查吸嘴滤网,必要时更换。清洁完成后,将吸嘴装入夹具。清洗/更换吸嘴的过程如图 3.90 所示。

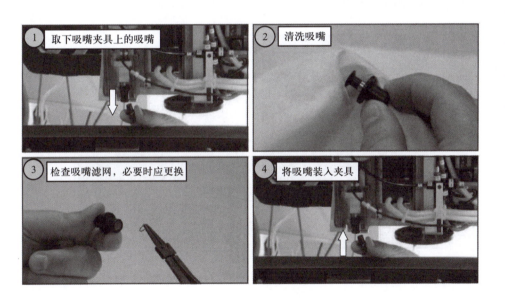

图 3.90   清洗/更换吸嘴的过程

3.4.4   贴片机的月保养

环球 AdVantis 系列贴片机的月保养项目如表 3.11 所示。

表 3.11　环球 AdVantis 系列贴片机的月保养项目

保养项目	保养内容	保养项目	保养内容
Lightning 贴装头	清洗并润滑凸轮	丝杠机架	清洗并润滑 X 轴和 Y 轴丝杠
	清洗吸嘴托盘		清洗 X 轴和 Y 轴的线性标尺
清洗并润滑基板支撑	清洗并润滑丝杠		清洗并润滑 X、Y 轴滑轨
	清洗并润滑六角轴	清洗盖板	清洗聚碳酸酯盖板
	清洗直线轴承		清洗空气滤清器
气动系统	清洗并排空滤清器		清洗漆面
	校正/调整主风路中的压力		清洗键盘、显示器和轨迹球

保养过程与步骤如下。

1. Lightning 贴装头

（1）清洗并润滑凸轮

① 清洗前准备。在切断贴装头的电源、气源前提下，拆下旋转轴和贴装头下外壳。

② 清洗凸轮。将无尘布放入旋转轴间隙，转动旋转轴，清洗凸轮浮灰。蘸取异丙醇进一步清洗。

③ 润滑凸轮。用无尘棉签给凸轮上一层薄薄的润滑油，多余的油用干净棉棒擦去。清洗并润滑凸轮过程如图 3.91 所示。

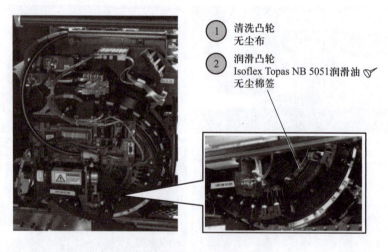

1 清洗凸轮　无尘布
2 润滑凸轮　Isoflex Topas NB 5051润滑油　无尘棉签

图 3.91　清洗并润滑凸轮过程

（2）清洗吸嘴托盘

将托盘上的吸嘴取走后，用带毛刷的吸尘器或者用毛刷清理托盘，再用吸尘器清除托盘上的灰尘，然后按照一定的吸嘴排列方式将吸嘴装回。清洗吸嘴托盘过程如图 3.92 所示。

2. 清洗并润滑基板支撑

清洗并润滑基板支撑过程如图 3.93 所示。

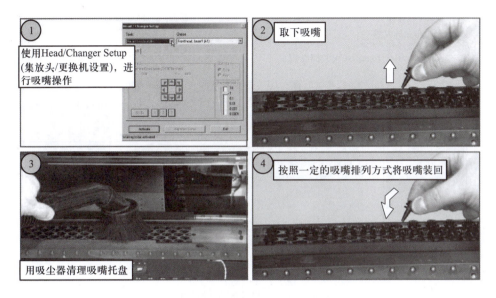

图 3.92　清洗吸嘴托盘过程

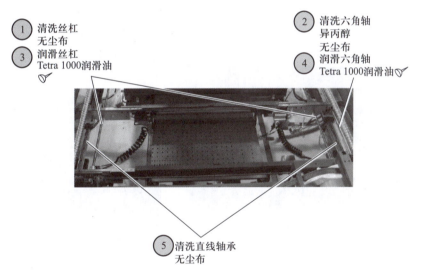

图 3.93　清洗并润滑基板支撑过程

3. 丝杠机架

（1）清洗并润滑 X、Y 轴丝杠

用干燥无尘布擦拭 X、Y 轴丝杠,再用干净无尘布蘸取异丙醇进一步清洁。清洁完成后,用干净无尘布蘸取润滑油润滑丝杠。清洗并润滑 X、Y 轴丝杠过程如图 3.94 所示。

（2）清洗 X 轴和 Y 轴的线性标尺

用干燥无尘布擦拭 X、Y 轴的线性标尺,再用干净无尘布蘸取异丙醇进一步清洁。清洗 X 轴和 Y 轴线性标尺的过程如图 3.95 所示。

（3）清洗并润滑 X、Y 轴滑轨

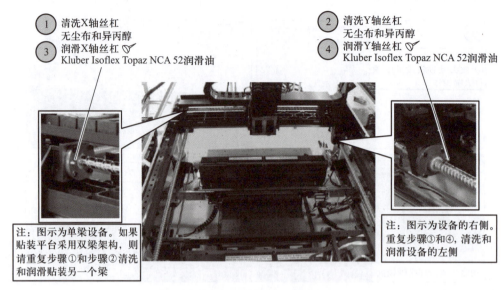

① 清洗X轴丝杠
无尘布和异丙醇
③ 润滑X轴丝杠 ✎
Kluber Isoflex Topaz NCA 52润滑油

② 清洗Y轴丝杠
无尘布和异丙醇
④ 润滑Y轴丝杠 ✎
Kluber Isoflex Topaz NCA 52润滑油

注：图示为单梁设备。如果
贴装平台采用双梁架构，则
请重复步骤①和步骤②清洗
和润滑贴装另一个梁

注：图示为设备的右侧。
重复步骤③和④，清洗和
润滑设备的左侧

图 3.94   清洗并润滑 X、Y 轴丝杠过程

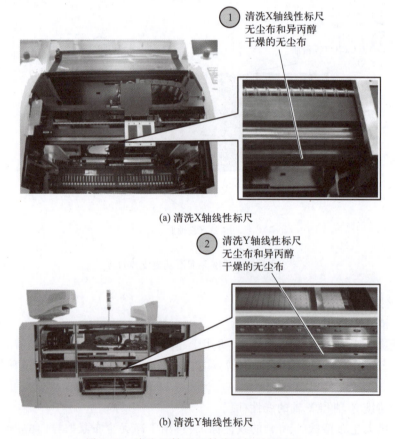

① 清洗X轴线性标尺
无尘布和异丙醇
干燥的无尘布

(a) 清洗X轴线性标尺

② 清洗Y轴线性标尺
无尘布和异丙醇
干燥的无尘布

(b) 清洗Y轴线性标尺

图 3.95   清洗 X 轴和 Y 轴线性标尺的过程

用干燥无尘布擦拭 X、Y 轴滑轨,再用干净无尘布蘸取异丙醇进一步清洁。用注油枪给 X、Y 轴滑轨注润滑油,直至新油溢出为止。清洗并润滑 X、Y 轴滑轨过程如图 3.96 所示。

(a) 清洗 X、Y 轴滑轨　　　　　　　　(b) 润滑 X、Y 轴滑轨

图 3.96　清洗并润滑 X、Y 轴滑轨过程

4. 气动系统

（1）清洗并排空空气滤清器

用肥皂水和清水清洗空气滤清器,并彻底风干。清洗空气滤清器过程如图 3.97 所示。

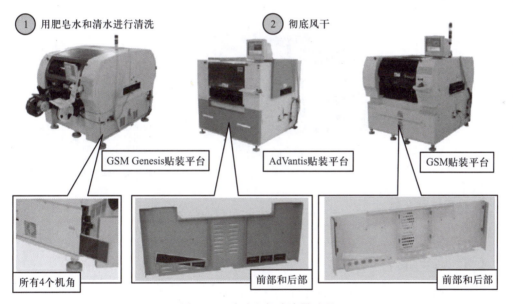

① 用肥皂水和清水进行清洗　　　　② 彻底风干

GSM Genesis 贴装平台　　　AdVantis 贴装平台　　　GSM 贴装平台

所有 4 个机角　　　　前部和后部　　　　前部和后部

图 3.97　清洗空气滤清器过程

（2）校正/调整主风路中的压力

用干燥无尘布清洗真空压力表,并校正/调整主风路中的真空压力在 80～100psi 范围内。校正/调整主风路中的压力过程如图 3.98 所示。

5. 清洗盖板

盖板清洗过程如图 3.99 所示。

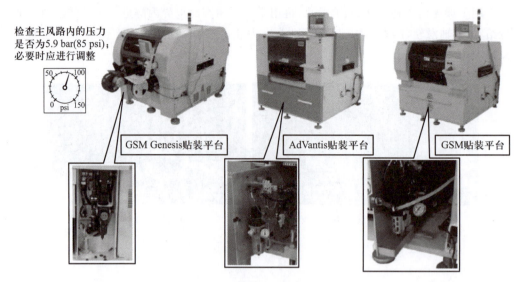

检查主风路内的压力
是否为5.9 bar(85 psi)；
必要时应进行调整

GSM Genesis贴装平台

AdVantis贴装平台

GSM贴装平台

图 3.98   校正/调整主风路中的压力过程

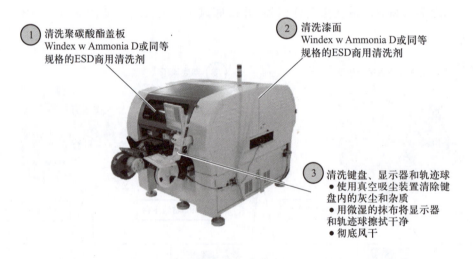

① 清洗聚碳酸酯盖板
Windex w Ammonia D或同等
规格的ESD商用清洗剂

② 清洗漆面
Windex w Ammonia D或同等
规格的ESD商用清洗剂

③ 清洗键盘、显示器和轨迹球
● 使用真空吸尘装置清除键
盘内的灰尘和杂质
● 用微湿的抹布将显示器
和轨迹球擦拭干净
● 彻底风干

图 3.99   盖板清洗过程

3.4.5   贴片机的半年保养

环球 AdVantis 系列贴片机的半年保养项目如表 3.12 所示。

表 3.12   环球 AdVantis 系列贴片机的半年保养项目

保养项目	保养内容
Lightning 贴装头	清洗 Lightning 成像站的镜头
FlexJet3 贴装头	清洗真空正时传动带和离合器

续表

保养项目	保养内容
FlexJet3 贴装头	检查并调整所有传动带的张力
	清洗卷带销镜头
	清洗旋转轴的真空气路
	清洗顶置相机(OTHC)的镜头
调整定位系统	更换转速传感器测量轮,对转速传感器进行调整

保养过程与步骤如下。

1. 清洗 Lightning 成像站的镜头

(1)拆下贴装头上外壳

在切断贴装头的电源和气源的条件下,用六角螺丝刀拆下贴装头上外壳。

(2)清洗镜头

① 使用压力空气清洗成像站镜头。

② 使用压力空气清洗 WFOV 梁上的拨叉。

③ 如果污渍明显,使用镜头纸和光学镜头清洗剂对成像站的镜头进行清洗。

成像站镜头清洗过程如图 3.100 所示。

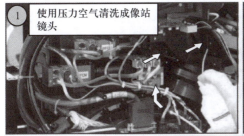

图 3.100   成像站镜头清洗过程

2. FlexJet3 贴装头

(1)清洗真空正时传动带和离合器

用吸尘器清洗真空正时传动带和离合器,如图 3.101 所示。

图 3.101　清洗真空正时传动带和离合器

（2）检查并调整所有传动带的张力

① 检查和调整 Z 轴电动机传动带张力过程如图 3.102 所示。

图 3.102　检查和调整 Z 轴电动机传动带张力过程

② 检查和调整 Theta 电动机传动带张力过程如图 3.103 所示。

③ 检查和调整限位支架传动带张力过程如图 3.104 所示。

④ 检查和调整旋转轴传动带张力过程如图 3.105 所示。

⑤ 检查和调整限位制动带张力过程如图 3.106 所示。

⑥ 检查和调整动轴同步传动带张力过程如图 3.107 所示。

（3）清洗卷带销镜头

① 用手向下移动所选的旋转轴,借此确保卷带销镜头的可接近性。

② 使用异丙醇和无尘棉签对卷带销镜头进行清洗。

清洗卷带销镜头过程如图 3.108 所示。

对Theta电动机传动带进行目检，如有损坏应进行更换

Theta电动机传动带

② 松开偏心轮上的3个固定螺钉

③
1. 将张力计放在传动带上，并使挺柱与较小的传动带轮相接触

2. 转动Theta电动机总成，并使挺杆上的标记与金属标志对齐

3. 对螺钉进行紧固

图 3.103   检查和调整 Theta 电动机传动带张力过程

① 对限位支架传动带进行目检，如有损坏应进行更换

②
1. 松开左右支架上的螺钉，该传动带将会自动张紧

2. 对支架螺钉进行紧固

右侧的限位支架传动带

图 3.104   检查和调整限位支架传动带张力过程

① 对旋转轴传动带进行目检，如有损坏应进行更换

②
1. 松开调整螺钉

2. 使用拉力计张紧传动带

3. 在拉力计上施加35.6 N 的力，并对螺钉进行紧固

4. 重复上述操作，对各旋转轴传动带进行调整

图 3.105   检查和调整旋转轴传动带张力过程

① 对限位制动带进行目检，如有损坏应进行更换

② 1. 松开调整螺钉，该制动带将会自动张紧

2. 对螺钉进行紧固

限位制动带

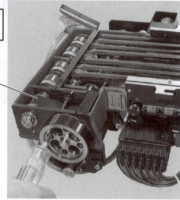

图 3.106   检查和调整限位制动带张力过程

① 对动轴同步传动带进行目检，如有损坏应进行更换

② 1. 松开锁紧螺钉。该传动带将会自动张紧

2. 对螺钉进行紧固

动轴同步传动带

图 3.107   检查和调整动轴同步传动带张力过程

图 3.108   清洗卷带销镜头过程

（4）清洗旋转轴的真空气路

清洗旋转轴的真空气路过程如图 3.109 所示。

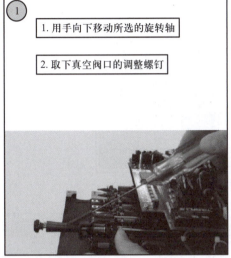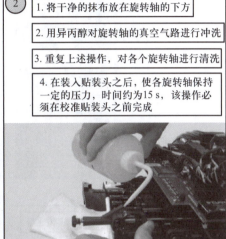

① 1. 用手向下移动所选的旋转轴

2. 取下真空阀口的调整螺钉

② 1. 将干净的抹布放在旋转轴的下方

2. 用异丙醇对旋转轴的真空气路进行冲洗

3. 重复上述操作，对各个旋转轴进行清洗

4. 在装入贴装头之后，使各旋转轴保持一定的压力，时间约为15 s，该操作必须在校准贴装头之前完成

图 3.109　清洗旋转轴的真空气路过程

（5）清洗顶置相机（OTHC）的镜头

清洗顶置相机镜头的过程如图 3.110 所示。

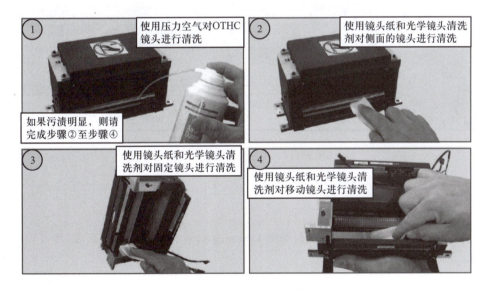

① 使用压力空气对OTHC镜头进行清洗

如果污渍明显，则请完成步骤②至步骤④

② 使用镜头纸和光学镜头清洗剂对侧面的镜头进行清洗

③ 使用镜头纸和光学镜头清洗剂对固定镜头进行清洗

④ 使用镜头纸和光学镜头清洗剂对移动镜头进行清洗

图 3.110　清洗顶置相机镜头的过程

3. 调整定位系统

更换转速传感器测量轮，对转速传感器进行调整（GSM），如图 3.111 所示。

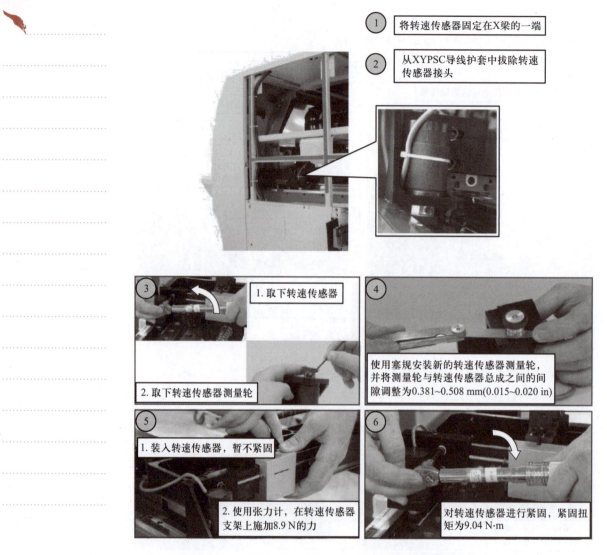

① 将转速传感器固定在X梁的一端

② 从XYPSC导线护套中拔除转速传感器接头

③ 1. 取下转速传感器
2. 取下转速传感器测量轮

④ 使用塞规安装新的转速传感器测量轮，并将测量轮与转速传感器总成之间的间隙调整为0.381~0.508 mm(0.015~0.020 in)

⑤ 1. 装入转速传感器，暂不紧固
2. 使用张力计，在转速传感器支架上施加8.9 N的力

⑥ 对转速传感器进行紧固，紧固扭矩为9.04 N·m

图 3.111　转速传感器调整过程

3.4.6　贴片机的年保养

　　贴片机的年保养项目是清洗和润滑 Lightning 贴装头的 Z 轴传动总成，其过程如图 3.112 所示。

注意

　　1. 在进行年保养时，同时需执行月保养和半年保养所需的维护工作。同样，进行半年保养时，同时需执行月保养所需的维护工作。

　　2. 在完成半年、年保养所需的维护工作之后，应进行必要的校准工作。

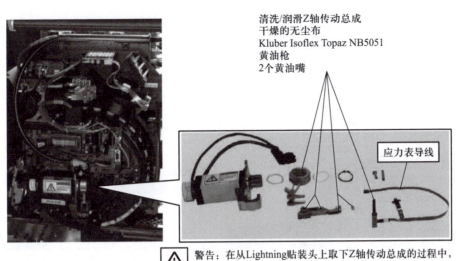

清洗/润滑Z轴传动总成
干燥的无尘布
Kluber Isoflex Topaz NB5051
黄油枪
2个黄油嘴

应力表导线

⚠ 警告：在从Lightning贴装头上取下Z轴传动总成的过程中，
在拔下主板上的应力表导线时应小心操作

图 3.112　清洗和润滑 Lightning 贴装头的 Z 轴传动总成过程

3.4.7　常见问题和解决方法

贴片机维护和保养过程中常见问题和解决方法如表 3.13 所示。

表 3.13　常见问题和解决方法

问题现象	问题原因	问题排除与后续处理
机器显示吸嘴错误	吸嘴位置故障	更换吸嘴
元器件缺失	元器件未安装或贴装使用完毕	安装元器件与供料器
机器显示"Feeder Not Mounted"	未安装供料器	安装供料器
基准点误差	基准点校准问题	基准点重新校核；手动校正
急停开关恢复	急停开关动作	恢复后，按"START"按钮，继续生产
基板不能继续生产	设备出现问题	手动从机器中取出基板后，按"START"按钮，继续生产
吸料问题	吸嘴脏污	清洁并装回吸嘴
退料盒的清空	退料盒物料多	清空退料盒后，继续生产

1. 吸嘴位置故障

排除吸嘴位置故障过程如图 3.113 所示。

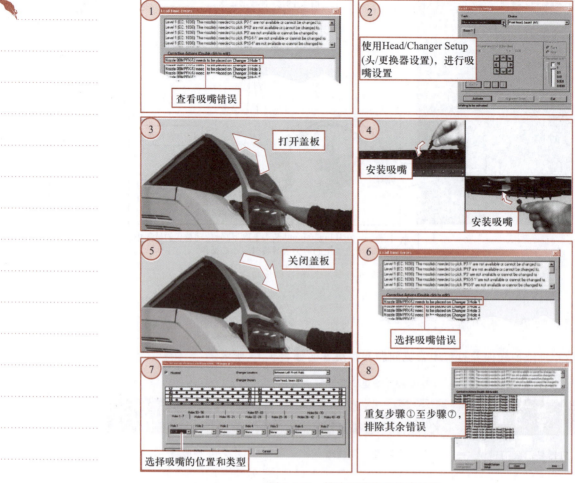

图 3.113　排除吸嘴位置故障过程

2. 元器件缺失

排除元器件缺失故障过程如图 3.114 所示。

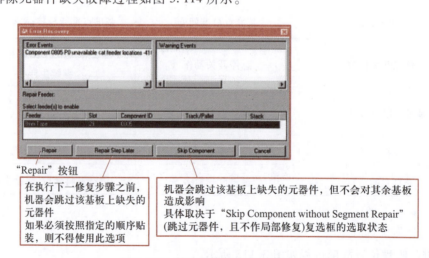

图 3.114　排除元器件缺失故障过程

3. 未安装供料器

排除未安装供料器故障过程如图 3.115 所示。

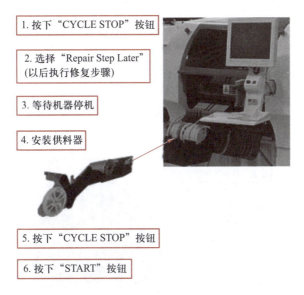

图 3.115　排除未安装供料器故障过程

4. 基准点误差

（1）基准点误差——Reteach Fiducial，基准点重新校核

在进行基准点误差恢复时，如果采集到的图像看起来尚可，则应首先选择"Reteach Fiducial"（基准点重新校核）选项。

基准点重新校核过程如图 3.116 所示。

🐾小贴士

如果机器显示
"Feeder Not Mount-ed"（未安装供料器），则请按下
"CYCLE STOP"按钮，防止在安装供料器时机器自动起动。

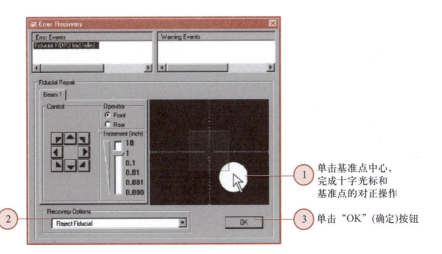

图 3.116　基准点重新校核过程

小贴士
如果 Reteach Fiducial（基准点重新校核）失败两次，则选择“Reject Board”（退板）。

（2）基准点误差——手动校正

在以下情况下，应选择基准点误差手动校正。

① 基准点重新校核失败。

② 不需要贴装细间距元器件。

③ 可手动完成基准点中心的对正操作。

基准点误差手动校正过程如图 3.117 所示。

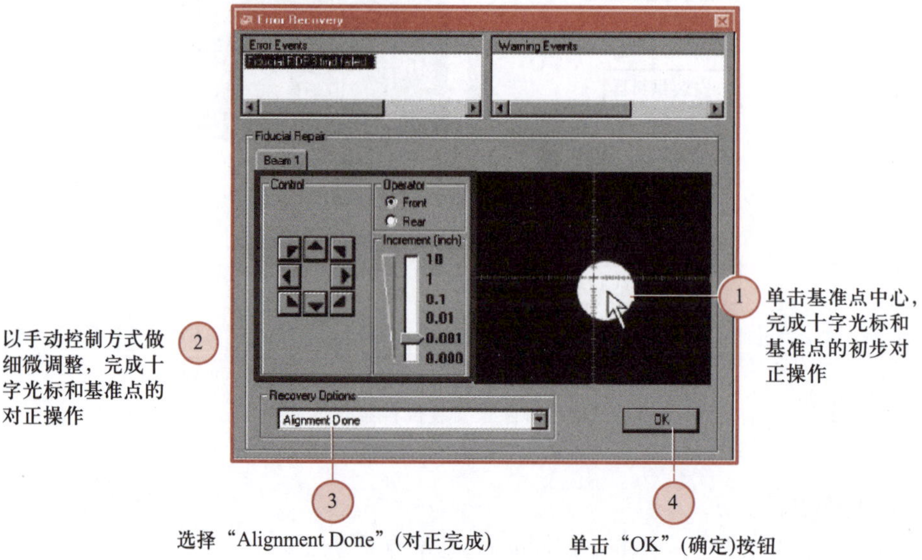

图 3.117 基准点误差手动校正过程

（3）基准点误差——Reject Board，退板

“Reject Board”（退板）选项可用于将基板从机器内送出。在以下情况下，应选择“Reject Board”（退板）选项。

① 基准点重新校核失败。

② 基板不正确。

③ 基板方向有误。

④ 需要贴装细间距元器件。

退板过程如图 3.118 所示。

5. 急停恢复（Segment Repair，局部修复已启用）

急停恢复过程如图 3.119 所示。

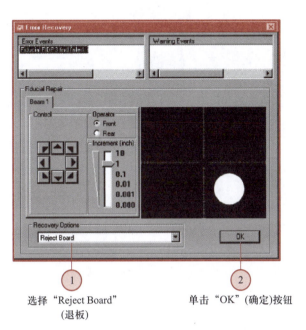

选择"Reject Board"　　　　单击"OK"(确定)按钮
(退板)

图 3.118　退板过程

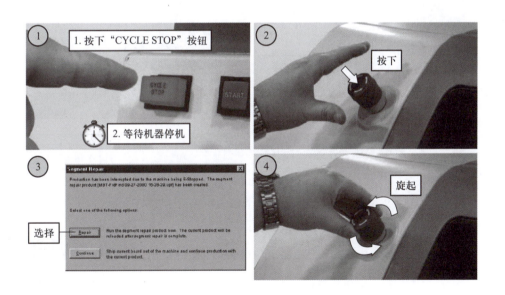

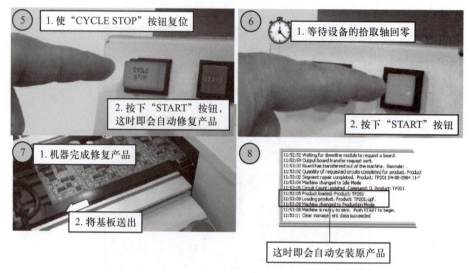

图 3.119   急停恢复过程

6. 手动从机器中取出基板

手动从机器中取出基板的过程如图 3.120 所示。

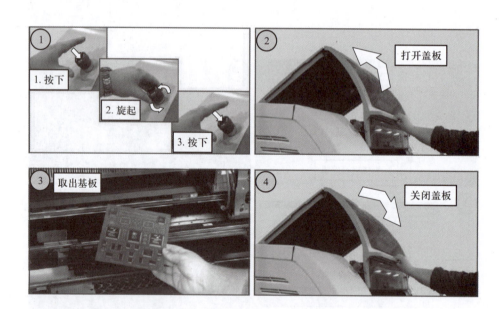

图 3.120   手动从机器中取出基板的过程

7. 清洁并装回吸嘴

清洁并装回吸嘴的过程如图 3.121 所示。

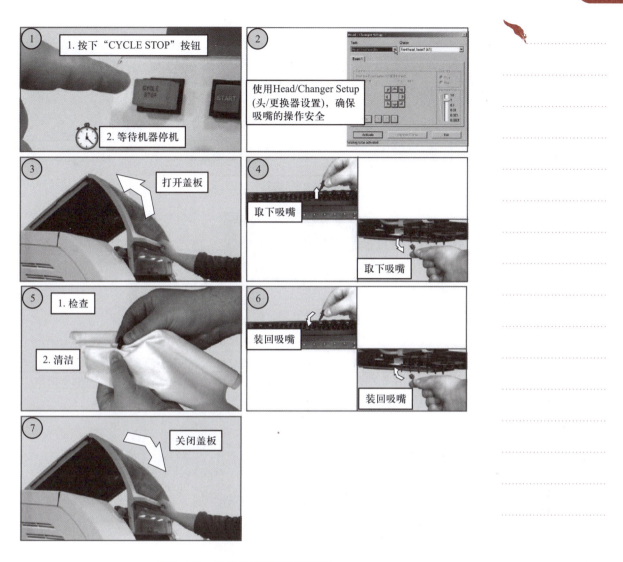

图 3.121　清洁并装回吸嘴的过程

8. 退料盒的清空

退料盒的清空过程如图 3.122 所示。

【生产应用案例 3】——贴片机点检作业

贴片机点检作业记录表如表 3.14 所示。

【生产应用案例 4】——贴片机保养作业

YAMAHA 贴片机保养作业指导书如表 3.15 所示。

AdVantis贴装平台

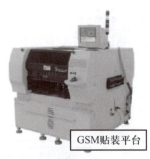
GSM贴装平台

GSM Genesis贴装平台

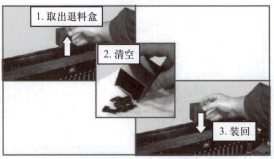

图 3.122   退料盒的清空过程

表 3.14   贴片机点检作业记录表

| 场所 | LINE | | 设备名称 | | 贴片机 | 设备型号 | AC-30L | | 设备编号 | |

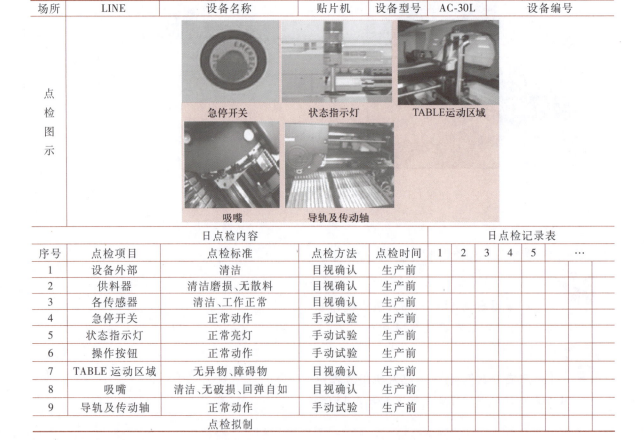

点
检
图
示

急停开关   状态指示灯   TABLE运动区域

吸嘴   导轨及传动轴

	日点检内容				日点检记录表					
序号	点检项目	点检标准	点检方法	点检时间	1	2	3	4	5	…
1	设备外部	清洁	目视确认	生产前						
2	供料器	清洁磨损、无散料	目视确认	生产前						
3	各传感器	清洁、工作正常	目视确认	生产前						
4	急停开关	正常动作	手动试验	生产前						
5	状态指示灯	正常亮灯	手动试验	生产前						
6	操作按钮	正常动作	手动试验	生产前						
7	TABLE 运动区域	无异物、障碍物	目视确认	生产前						
8	吸嘴	清洁、无破损、回弹自如	目视确认	生产前						
9	导轨及传动轴	正常动作	手动试验	生产前						
	点检拟制									

表 3.15　YAMAHA 贴片机保养作业指导书

文件编号		YAMAHA 贴片机保养作业指导书				批准
适用工程	贴片机					审核
适用产品	全型号产品	版次	A/O	页码	1/2	拟制
周期	No.	保养项目	保养方法	保养基准	保养用具	实施日期
周保养	1	清洁设备	用吸尘器、抹布全面清理设备各部位的尘屑	清洁，无杂物	吸尘器、抹布	
周保养	2	清洁及润滑 固定吸嘴	1. 拆下吸嘴，用气枪吹净污物，放入超声波清洗机中清洗 3~5 min，取出，用气枪吹干 2. 用细铁丝蘸适量 WD-40 防锈剂润滑吸嘴回弹部	清洁，无杂物，吸嘴回弹自如	气枪、细铁丝、超声波清洗机，WD-40 防锈剂	
周保养	3	清洁及润滑 飞行吸嘴	1. 拆下吸嘴 2. 将吸嘴各部件放入超声波清洗机中清洗 3~5 min，取出，用气枪吹干 3. 喷适量 WD-40 防锈剂在吸嘴回弹部、伞齿轮轴上 4. 注意吸嘴的 O 形圈不能用清洗液浸泡，会变形	清洁，无杂物，吸嘴回弹自如	气枪、细铁丝、超声波清洗机，WD-40 防锈剂	
月保养	1	清洁（更换）过滤棉	1. 取下过滤棉盖子 2. 用镊子夹出过滤棉，检查其清洁状态 3. 如灰尘少用气枪吹除 4. 灰尘太多或过滤棉已变色时更换	清洁，无杂物附着	镊子、气枪	
月保养	2	保养气路	1. 取下所有吸嘴 2. 在需要清洗的贴装头下面放 1 张擦拭纸（清洗时有清洗液漏出） 3. 拆下清洁孔的螺钉，将酒精瓶的喷嘴伸入清洁孔，挤压酒精瓶注入清洗液，直到流出的清洗液变清时停止清洁 4. 安装并拧紧螺钉 5. 安装吸嘴	1. 清洁，无污物 2. 测试吸取真空、贴装真空均符合标准	擦拭纸、T 形扳手、酒精瓶、清洗液、小型螺丝刀	

续表

周期	No.	保养项目	保养方法	保养基准	保养用具
月保养	3	测试真空	进入软件 Utilities→输入密码→Vacuum Level→Picking Level 或 Mounting Level，测试吸取和贴装时装态不佳时查找原因	见"YAMAHA 真空值标准作业指导书"	
	4	X 轴、Y 轴、W 轴丝杠、导轨清洁并润滑	1. 用布擦擦丝杠、导轨上的旧油 2. 用油枪向油嘴内注油，直到新油溢出为止 3. 用手向丝杠、导轨上涂抹新油	涂敷均匀，油量合适	OKS422 润滑油、抹布、油枪
	5	清洁相机	用擦拭纸轻轻擦去表面灰尘	清洁、发光亮度良好	棉棒、擦拭纸
	6	清洁 I/O 箱	打开 I/O 箱，用吸尘器吸掉灰尘和杂物	清洁	吸尘器
	7	传动带检查及轴心润滑	1. 检查各传动带张力，拆卸后检查有无断裂、破损 2. 用 WD-40 防锈剂润滑轴承轴心	1. 有问题时更换 2. 传动带转动自如	WD-40 防锈剂
季度保养	1	拆头检查各备件状态并加油润滑保养	1. 拆卸贴装头 2. 检查吸杆上各 PACKING、O-RING 是否破损，更换不良品 3. 擦去贴装头气缸上的旧油，加新的头部密封油	1. 有问题备件时更换 2. 涂敷均匀，油量合适	YAMAHA 头部密封油、抹布

重点管理事项	使用工具及设备	吸尘器、抹布、气枪、铁丝、超声波清洗机、镊子、擦拭纸、WD-40 防锈剂、T 形扳手、棉棒、酒精瓶、清洗液、螺丝刀、密封油、OKS422 润滑油、油枪	支持性文件	设备保养记录表

软件变更记录			变更记录
版次	变更日	变更内容	

保养时注意切断电源

本章小结

　　本章主要介绍了贴片机的基本知识，典型贴片机环球 AdVantis 系列认知，贴片机的操作、编程、调试及维护等内容。

　　根据贴装速度，贴片机可分为低速、中速、高速、超高速贴片机四类；按贴装的自动化程度，贴片机可分为全自动、半自动、手动贴片机三类；按贴装形式，贴片机可分为顺序式贴片机、同时式贴片机、同时在线式贴片机三类；按设备结构，贴片机大致可分为拱架式、复合式、转塔式和大型平行系统四类。

　　贴片机主要由机械系统、控制系统和视觉系统三大部分组成，通常包括设备机架、片状元器件供给系统、印制电路板传送与定位装置、贴装头及其驱动定位装置、电力伺服系统、气动系统、计算机控制系统、光学检测与视觉对中系统等。选购贴片机时，主要考虑的参数包括标称贴装速度、贴装准确度、贴装元器件范围、贴装印制电路板尺寸等。

　　环球 AC30L、AC72 贴片机均属环球 AdVantis 平台系列，前者为高速机，后者为泛用机。其设备操作根据贴片机操作作业指导书进行，操作流程一般为贴片前的准备、开机与设备检查、贴片机编程或直接调用生产程序、贴片机调试、首件生产与检验、批量生产与检查、关机与日清洁。

　　贴片机维护包括日常检查与保养、贴片机的修正保养、月保养、半年保养、年保养。

仿真训练

　　1. 仿真训练：贴片机设备结构识别
　　2. 仿真训练：贴片机操作
　　3. 仿真训练：贴片机编程
　　4. 仿真训练：贴片机保养

实践训练

　　贴片机上机实操训练：
　　1. 贴片机操作
　　2. 贴片机编程
　　3. 贴片机保养

第 **4** 章

回流焊的操作与维护

学习目标

　　回流焊又称"再流焊"，是伴随微型化电子产品的出现而发展起来的焊接技术，主要应用于各类表面贴装元器件的焊接。 本章主要介绍回流焊的分类、工作原理和温度曲线设置以及回流焊机的结构及操作调试方法与日常维护。

学习完本章后，你将能够：

- 了解回流焊的功能与工作原理及回流焊机的结构
- 掌握回流焊的温度曲线设置与调整方法，能够进行回流焊的温度曲线设置与调整
- 掌握回流焊的操作运行方法，能够进行回流焊的操作
- 掌握回流焊机日常维护的内容与步骤，能够进行回流焊机基本的日常维护
- 掌握回流焊机操作、工艺、点检、维护保养作业指导书的编制与作业要领

任务4.1   了解回流焊

4.1.1   回流焊的功能与分类

1. 回流焊的功能

回流焊又称"再流焊",是伴随微型化电子产品的出现而发展起来的焊接技术,主要应用于各类表面贴装元器件的焊接。回流焊机是一种提供加热环境,使预先分配到印制电路板焊盘上的膏状软钎焊料重新熔化,再次流动浸润,从而让表面贴装的元器件和 PCB 焊盘通过锡膏合金可靠地结合在一起的焊接设备。回流焊机有时简称为回流焊。

回流焊操作方法简单、效率高、质量好、一致性好、节省焊料,是一种适合自动化生产的电子产品装配技术,已成为 SMT 电路板组装技术的主流技术。

回流焊机的外观如图 4.1 所示。

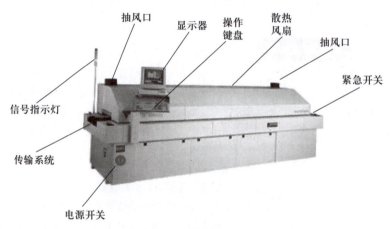

图 4.1   回流焊机的外观

2. 回流焊的分类

根据回流焊加热区域不同,回流焊可分为两大类:对 PCB 整体加热和对 PCB 局部加热。

(1) 对 PCB 整体加热

对 PCB 整体加热的回流焊根据加热方式不同,又可分为热传导回流焊、汽相回流焊、红外回流焊和热风回流焊。

① 热传导回流焊

热传导回流焊机的结构示意图如图 4.2 所示。热传导回流焊是由加热板产生的热量为传导方式,通过薄薄的聚四氯乙烯传送带传到电路板、SMD 元器件和锡膏上,实现加热焊接的。这种回流焊早期用于厚膜电路的焊接,基板为陶瓷板。后来也用于单面 PCB 的 SMT 产品的焊接。其优点是结构简单,操作方便;缺点是热效率低,温度不均匀,PCB 为非热良导体,稍厚就无法适应,所以很快就被取代了。

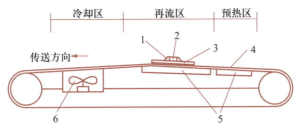

图 4.2　热传导回流焊机的结构示意图

1—锡膏;2—SMD 元器件;3—电路板;4—传送带;5—加热板;6—风扇

② 汽相回流焊

汽相回流焊机的结构示意图如图 4.3 所示。汽相回流焊是加热传热媒介质 FC-70 氯氟烷系溶剂,沸腾产生饱和蒸汽,遇到温度低的待焊 PCB 组件通过汽化加热,使锡膏熔化后焊接待焊件。

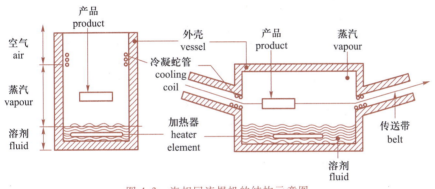

图 4.3　汽相回流焊机的结构示意图

汽相回流焊的优点是整体加热,蒸汽可以达到每个角落,热传导均匀,所以焊接效果与元器件和 PCB 的外形无关,可以精确控制温度(取决于溶剂沸点),不会发生过热的现象,热转化效率很高,而且蒸汽中氧气含量低,能获得高质量的焊点。其缺点是溶剂成本高,而且对臭氧层有破坏,所以在应用上受到了很大的限制。

③ 红外回流焊

红外回流焊机的结构示意图如图 4.4 所示。红外回流焊以红外辐射源产生的红外线,照射到元器件上转换成热能,通过数个温区加热焊件,然后冷却,完成焊接。

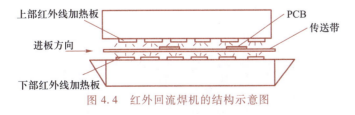

图 4.4　红外回流焊机的结构示意图

红外线有远红外线和近红外线两种。一般前者多用于预热,后者多用于回流加热。整个加热炉分成几段分别进行控温。这种设备成本低,适用于低密度产品的组装。其缺点是因为元器件表面颜色深浅不同,材质差异,所吸收的热量也有所不同,且体积大的元器件会对体积小的元器件造成阴影使之受热不足,温度的设定难以兼顾周全,所以多用于胶水板的固化。

④ 热风回流焊

热风回流焊机的结构示意图如图 4.5 所示。热风回流焊利用加热器和风扇,使炉腔内空气不断升温并循环,待焊件在炉内受到炽热气体的加热,而实现焊接。其特点是加热均匀,温度稳定。

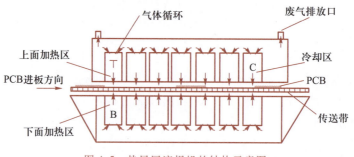

图 4.5　热风回流焊机的结构示意图

20 世纪 90 年代起,随着 SMT 的应用不断扩大和元器件的小型化,焊接设备开发商改善加热器的数量和分布,空气的循环流向,使焊接设备能更精确地控制各个炉膛的温度分配,更好地调节温度曲线。目前最常用的是全热风强制对流回流焊。为了适应无铅回流工艺,有的热风回流焊系统中还会加入氮气系统和快速冷却系统。

（2）对 PCB 局部加热

对 PCB 局部加热的回流焊可分为激光回流焊、聚焦红外回流焊、光束回流焊和热风对流回流焊。

目前比较流行和使用的大多是远红外回流焊、红外加热风回流焊和全热风强制对流回流焊。尤其是全热风强制对流回流焊技术及设备已不断改进与完善,拥有其他方式所不具备的特点,从而成为 SMT 焊接的主流设备。为适应无铅环保工艺,回流焊机还具有能充氮保护气与快速冷却的高性能。

4.1.2　回流焊的工作原理

回流焊的工作原理

回流焊机的结构主体是一个热源受控的隧道式炉膛,如图 4.6 所示。沿传送系统的运动方向,设有若干独立控温的温区,通常设定为不同的温度,全热风强制对流回流焊机一般采用上、下两层的双加热装置。

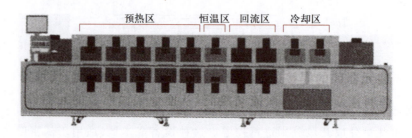

图 4.6　回流焊机的结构

回流焊机固化锡膏的基本原理为：在机械传送机构的带动下，使已贴装有待焊元器件的 PCB 以设定速度通过设定温度的工作区，采用外部热源，加热已经事先涂敷在 PCB 焊盘与被连接对象引脚或电极之间的焊料，使其通过预热、恒温、回流、冷却等过程，最终使 PCB 焊盘与被连接对象引脚或电极之间牢固、可靠地焊接。

PCB 由入口进入回流焊炉膛，到出口传出完成焊接，整个回流焊过程一般需经过预热、恒温、回流、冷却四个阶段。合理设置各温区的温度，使炉膛内的焊接对象在传输过程中所经历的温度按合理的曲线规律变化，这是保证回流焊质量的关键。

PCB 通过回流焊机时，表面贴装元器件上某一点的温度随时间变化的曲线，称为温度曲线。它提供了一种直观的方法，帮助分析某个元器件在整个回流焊过程中的温度变化情况。图 4.7 即是一条理想的回流焊温度曲线。当 PCB 进入图中所示的预热区时，锡膏中的溶剂、气体蒸发掉，同时，锡膏中的助焊剂润湿焊盘、元器件端头和引脚，锡膏软化、塌落，覆盖了焊盘，将焊盘、元器件引脚与氧气隔离；进入恒温阶段，PCB 和元器件将得到充分的预热，以防突然进入焊接高温区而损坏 PCB 和元器件；当 PCB 进入回流阶段，温度迅速上升使锡膏达到熔化状态，液态焊锡对 PCB 的焊盘、元器件端头和引脚润湿、扩散、漫流混合形成焊锡接点；PCB 进入冷却区，焊点凝固，此时完成了回流焊。

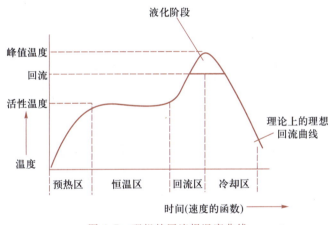

图 4.7　理想的回流焊温度曲线

4.1.3　回流焊机的系统结构和各部分功能

回流焊机主要由以下几大部分组成：加热系统、传动系统、顶盖升起系统、冷却系统、氮气装备、抽风系统、助焊剂回收系统和控制系统等。下面对各部分的功能及结构做简要介绍。

1. 加热系统

全热风与红外加热，是目前最为广泛应用的两种回流焊加热方式。下面将重点介绍全热风回流焊机和红外回流焊机的加热系统。

（1）全热风回流焊机的加热系统

全热风回流焊机是利用加热器和风扇，使炉膛内空气不断升温并循环，待焊件在

虚拟仿真
回流焊机的加热系统

炉内受到炽热气体的加热,而实现焊接。其加热系统主要由热风电动机、风轮、上下温区、整流板和加热管等部分组成,如图 4.8 所示,此外还包括热电偶、固态继电器(SSR)和温控模块等温度控制装置。

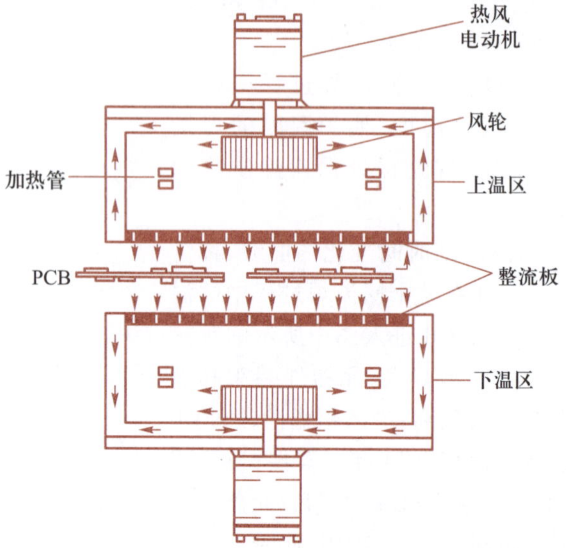

回流焊机炉膛被划分成若干独立控温的温区,其中每个温区又分为上、下两个温区。温区内装有加热管,热风电动机带动风轮转动,形成的热风通过特殊结构的风道,经整流板吹出,使热气均匀分布在温区内。其特点是加热均匀,温度稳定。

一般在整流板周边有开孔,作为进风口,同时整流板的中间分布的小开孔作为出风口,如图 4.9 所示。热风从中间出风口吹出,以保证相邻温区之间不易串温。加热系统的控温主要通过调整加热管的加热时间来实现,使每个温区内的实际温度与设定温度一致。图 4.10 所示为加热系统的控制流程示意图。

图 4.8   加热系统结构

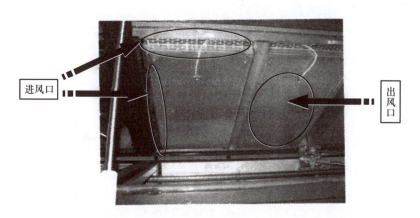

图 4.9   加热系统的进风口和出风口位置

图 4.10   加热系统的控制流程示意图

每个温区均有热电偶,安装在整流板的风口位置,检测温区的温度,并把信号传递给控制系统中的温控模块;温控模块接收到信号,实时进行数据运算处理,决定其输出端输出的信号是否输送给固态继电器(SSR)。如果固态继电器控制信号端收到温控模块的输出信号,其开关端导通,控制加热管给温区加热;如果固态继电器控制信号端没有接收到温控模块的输出信号,其开关端不通,则加热管不给温区加热。另外,炉体热风电动机的转速快慢将直接改变单位面积内的热风流速,因此风机速率也是影响温区内温度的重要因素。在热风回流焊中,风速的高低在某些 PCB 焊接中可以作为一个可调节的工艺因素,风速调高会增强炉子的热传导能力,使温区内温度升高,但较强的风速也会导致小型元器件的位置偏移或小型元器件掉落到炉膛内部。所以,要实现理想的温度控制状态,还需合理设置电动机风机速率。

（2）红外回流焊机的加热系统

红外回流焊的原理是通常有 80% 的热能以电磁波的形式——红外线向外发射,焊点受红外辐射后温度升高,从而完成焊接过程。红外线的波长通常在可见光波长的上限（$0.8\ \mu m$）到毫米波之间,可将其进一步划分为:若光波长为 $0.72 \sim 1.5\ \mu m$,则称为近红外;若光波长为 $1.5 \sim 5.6\ \mu m$,则称为中红外;若光波长为 $5.6 \sim 1\ 000\ \mu m$,则称为远红外。

通常,波长在 $1.5 \sim 10\ \mu m$ 的红外线辐射能力最强,占红外总能量的 80%～90%,红外辐射能的传递一般以非接触式进行。被辐射到的物体能快速升温,其升温的机理是当红外波长的振动频率与被它辐射物体分子间的振动频率一致的时候,被它辐射到的物体的分子就会产生共振,引发激烈的分子振动,分子的激烈振动即意味着物体的升温。

图 4.4（4.1.1 节）是红外回流焊机的结构示意图。通常红外回流焊机每个温区均有上下加热器,每块加热器都是优良的红外辐射体,而被焊接的对象,具有吸收红外线的能力,因此这些物质受到加热器热辐射后,其分子产生激烈振动,迅速升温到锡膏的熔化温度之上,焊料润湿焊区,从而完成焊接过程。

红外回流焊机有以下优点:红外线能使锡膏中的助焊剂以及有机酸、卤化物迅速活化,使焊剂的性能和作用得到充分的发挥,从而导致锡膏润湿能力提高;红外加热的辐射波长与 PCB 元器件的吸收波波长相近,基板升温快,温差小;其温度曲线控制方便,弹性好;红外加热器效率高,成本低。

但是也要看到,当红外线辐射到物体上时,除了一部分能量被吸收外,还有一部分能量被反射出去,其反射的量取决于物体的颜色、光洁度和几何形状。此外,红外线同光一样也无法穿透物体,因此红外回流焊机中也存在如下缺点:红外线没有穿透物体的能力,像物体在阳光下产生阴影一样,使得阴影内的温度低于他处,当焊接 PLCC、BGA 元器件时,由于元器件本体的覆盖原因,引脚处的升温速度要明显低于其他部位的焊点,而产生"阴影效应",使这类元器件的焊接变得困难;由于元器件表面颜色、体积、外表光亮度不一样,对于元器件品种多样化的 SMT 来说,有时会出现温度不均匀的问题。

为了克服这些弱点,人们又在回流焊炉中增加热风循环功能,研制出红外热风回流焊机,进一步提高了炉温的均匀性。适当的风量对 PCB 上过热的元器件起到散热作用,而对热需求量大的元器件又可以迅速补充热量,因此,热风传热能起到热均衡作用。在红外热风回流焊机中,热量的传导依然是依靠辐射导热为主。红外热风回流焊机是一种将热风对流和远红外加热结合在一起的加热设备,它集中了红外回流焊机和强制热风对流回流焊两者的长处,故能有效地克服"阴影效应"。

红外加热器的种类很多,大体可分为两大类:一类是灯源辐射体,又称为一次辐射体,能直接辐射热量;另一类是面源板式辐射体,加热器铸造在陶瓷板、铝板或不锈钢板内,热量首先通过传导转移到板面上来。两类热源分别产生 $1 \sim 2.5\ \mu m$ 和 $2.5 \sim 5\ \mu m$ 波长的辐射。

2. 传动系统

传动系统是将 PCB 从回流焊机入口按一定速度输送到回流焊机出口的传动装置，包括导轨、网带(中央支撑)、链条、运输电动机、轨道宽度调整机构、运输速度控制机构等部分。

虚拟仿真
回流焊机的传动
系统

传动系统主要传动方式包括链传动(Chain)、链传动+网传动(Mesh)、网传动、双导轨运输系统、链传动+中央支撑系统等几种。其中，比较常用的传动方式为链条/网带的传动方式，即"链传动+网传动"，如图 4.11 所示。链条的宽度可调节，PCB 放置在链条导轨上，可实现 SMC/SMD 的双面焊接，不锈钢网可防止 PCB 脱落。"链传动+中央支撑系统"的传动方式，如图 4.12 所示，一般用于传送大尺寸的多联板，防止 PCB 变形。

图 4.11   链条/网带传动方式   图 4.12   "链传动+中央支撑系统"的传动方式

为保证链条、网带(中央支撑)等传动部件速度一致，传动系统中装有同步链条，运输电动机通过同步链条带动运输链条、网带(中央支撑)传动轴的不同齿轮转动。

传动系统的运输速度和导轨的轨距都可以进行调节和控制。传输速度控制普遍采用的是"变频器+全闭环控制"的方式。轨道间距根据所生产 PCB 的不同宽度，进行相应的调整。回流焊机的加工尺寸范围就是由设备所能调整到的最大轨距决定的。

3. 顶盖升起系统

上顶盖可整体开启，便于炉膛清洁。当需要对回流焊机进行清洁维护，或生产时发生掉板等状况，需将上顶盖开启。动作时拨动上顶盖升降开关，由电动机带动升降杆完成。动作同时，蜂鸣器鸣叫提醒人注意，当碰到上、下限位开关时，开启或关闭动作停止。

4. 冷却系统

冷却系统是在加热区后部，对加热完成的 PCB 进行快速冷却。空气炉采用风冷方式，通过外部空气冷却；氮气炉采用水冷方式，同时配有助焊剂回收功能。

虚拟仿真
回流焊机的冷却
系统

5. 氮气装备

在回流焊中使用惰性气体保护，已有较久的历史，并已得到较大范围的应用，一般都是选择氮气保护。PCB 在预热区、焊接区及冷却区进行全制程氮气保护，可杜绝焊点及铜箔在高温下的氧化，增强熔化锡料的润湿能力，减少内部空洞，提高焊点质量。

氮气通过一个电磁阀分给几个流量计，由流量计把氮气分配给各区。氮气通过风机吹到炉膛,保证气体的流动均匀性。

6. 抽风系统

强制抽风,可保证助焊剂排放良好。特殊的废气过滤、抽风系统,可保持工作环境的空气清洁,减少废气对排风管道的污染。

7. 助焊剂回收系统

助焊剂回收系统中设有蒸发器,冷水机把水冷却后循环经过蒸发器。助焊剂通过上层风机抽出。通过蒸发器冷却形成的液体流到回收罐中。

8. 控制系统(电气控制与操作控制)

控制系统是回流焊机的中枢,其选用件的质量、操作方式、操作的灵活性以及所具有的功能都直接影响到设备的使用。早期的回流焊机主要以仪表控制方式为主,但随着计算机应用的普及发展,先进的回流焊机已全部采用了计算机或 PLC 控制方式。利用计算机丰富的软硬件资源极大地丰富和完善了回流焊机的功能,有效保证了生产管理质量的提高。控制系统主要有以下功能:

① 完成对所有可控温区的温度控制。

② 完成传动系统的速度检测与控制,实现无级调速。

③ 实现 PCB 在线温度测试。

④ 可实时置入和修改设定参数。

⑤ 可实时修改 PID 参数等内部控制参数。

⑥ 显示设备的工作状态,具有方便的人机对话功能。

⑦ 具有自诊断系统和声光报警系统。

任务 4.2　典型回流焊认知

教学课件
任务 4.2

4.2.1　HELLER 回流焊机外观认知

HELLER 回流焊机是美国 HELLER INDUSTRIES 公司的产品,用于表面贴装基板的整体焊接和固化,在全球拥有庞大的客户群。HELLER 回流焊机包括 1700 系列、1800 系列与 1900 系列,其中,HELLER 1809EXL 回流焊机的外观如图 4.13 所示,其操作面板如图 4.14 所示。

图 4.13　HELLER 1809EXL 回流焊机的外观

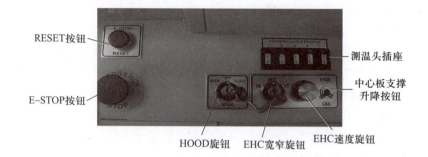

图 4.14   HELLER 1809EXL 回流焊机的操作面板

HELLER 回流焊机采用 PC 自动控制,各部分功能介绍如下:

① 总电源开关:开关为自锁开关,旋向"I"为接通电源,旋向"O"为断开电源。总电源开关开启状态如图 4.15 所示。

图 4.15   总电源开关开启状态示意图

② 显示器:显示机器当前各项参数,方便操作者了解当时设备状态。

③ 键盘:输入信息,完成人机交互。

④ 状态指示灯:显示机器工作状态。表 4.1 说明了状态指示灯的含义。

⑤ E-STOP(急停)按钮:当炉子出现紧急情况时,按下 E-STOP 按钮以中断所有电源,只有计算机继续工作。

⑥ RESET(复位)按钮:每次开机或当按下 E-STOP 按钮后重新开机时,均需按下 RESET 按钮来初始化炉子,灯亮表示设备处于停机状态,灯灭表示设备已起动。

⑦ EHC 宽窄旋钮:用于调节轨道宽度。用钥匙插入 EHC 宽窄旋钮控制,旋钮旋向 OUT 并保持为调宽,旋向 IN 并保持为调窄,常态为 OFF。

表 4.1   状态指示灯的含义

警示灯颜色	系统状态	原因与处理
红色闪烁	系统报警	有故障需排除,需立即停止进板,通知设备工程师处理,并把从炉内出来的板子另外收起,待相关工程师处理
绿色	正常	系统预备就绪
黄色闪烁	警告或新的工作	系统警告、掉板、备板或者开始工作。可进入操作或确认错误信息,并通知线长处理

⑧ EHC 速度旋钮:用于调整移动速度,顺时针旋转为速度增大方向,逆时针旋转为速度减小方向。

注意

1. 调整轨道时一定要在炉膛内没有 PCB 时进行,不然可能会造成 PCB 或零件报废。

2. 在调节开始时,可采用较快的速度,当导轨宽度接近 PCB 宽度时,尽量采用较低的速度进行精确调节。

⑨ HOOD(上炉体开启)旋钮:用于炉子控制设备上盖的升降。用钥匙插入 HOOD 旋钮控制,旋钮旋向 OPEN 并保持为开启,旋向 CLOSE 并保持为关闭,常态为 OFF。

注意

1. 在开启或关闭上炉体时,必须保证上下炉体之间无人体接触,防止压伤或烫伤人体。

2. 导轨宽窄调节与上炉体开启均设有极限保护开关,在极限位置只有反向动作有效;操作时需注意安全,如有异常可及时按下急停按钮停止动作。

⑩ 测温头插座(THERMOCOUPLE PROFILE):本系列回流焊机备有 5 组测温头插座。

⑪ 蜂鸣器(BUZZER):机器异常报警时鸣叫。

4.2.2　HELLER 回流焊机结构认知

HELLER 回流焊机采用红外加热风强制对流的加热方式,在实际结构上分为 6~13 个加热区和 2~3 个冷却区。其中第 1 区用红外线进行加热,要求加热迅速,在较短时间内达到 130~140 ℃,但是其均温性较差。其他区和冷却区用风扇实行强制热风加热,有良好的均温性,使同一 PCB 上各区域温度基本相同。

HELLER 1809 回流焊机上下各 9 个加热区、2 个冷却区,各加热区独立控温。采用 PLC 控制,对每个加热区的加热源进行全闭环温度控制,具有方便的人机对话接口和丰富的软件功能,可在计算机上独立关闭。当下层温区运风及发热全部关闭时,可在 PCB 的正反两面产生最大温差值,此项功能可做到高密度 SMT 双面板的低成本加工。冷却系统采用风冷方式。

HELLER 回流焊机具有自动传送的隧道式结构。PCB 传动采用"链传动+中央支撑系统"的传动方式,采用链传动可与 SMT 其他设备进行在线连接,具有闭环控制的无级调速功能。传送带速度为 0~188cm/min 可调。

炉膛内的热容量大,在 PCB 连续进入炉体时,对各加热区的控制精度影响较小,这样可节省电力,确保各种工艺要求,达到理想的焊接效果。下面简单介绍该设备的系统构成及作用。

1. 轨道传输机构

轨道传输机构包括导轨、网带、链条、轨道宽度调整机构、ENCODER、KBLC 卡、空气开关(低压断路器)和 CONTROLLER 卡等部分。轨道传输机构外形如图 4.16 所示。

图 4.16   轨道传输机构外形

① 导轨:由铝合金制造,用于控制 PCB 在炉子里的传输移动方向。

② 网带:有防掉板的功能。

③ 链条:其速度可由软件设定,用于传送 PCB,其带有自动润滑装置,润滑装置有计算机自动控制。

④ 轨道宽度调整装置:由两根齿条(位于设备的入口和中间)、一根传动杆、两个齿轮、链条、前后两根丝杠、支架、电动机等共同完成对轨道宽度的调整。宽度调整时,两根丝杠带动轨道前后运动,传动杆使轨道中间和两端同步运动。能够保证轨道前后和中间宽度一致。根据所生产的 PCB 的实际宽度调整轨道宽度,有软件控制和手动控制两种选择。

⑤ ENCODER:译码器,把信号传输给 CONTROLLER 卡。

⑥ KBLC 卡:MOTOR 速度控制卡,用于控制调节电动机速度,其设定在机器出厂时已设定好,平时不要调整。

⑦ 空气开关(低压断路器):用于限定炉子所许的最大工作电流,当电流超过炉子工作所允许的最大工作电流时,空气开关会自动跳开,保证炉子的运行安全。

⑧ CONTROLLER 卡:用于接收温度、速度等信号并与设定值比较以调整相应的参数。

链条速度的控制路线是闭环控制,其控制原理如图 4.17 所示。

图 4.17   链条速度的控制原理

220 V 电压从 Q30 到 K2,再由整流器到变频器到电动机,电动机速度变动时由 PC 把信号传给 KBLC 卡,KBLC 卡调控输入电动机的电压,相应的变频器电压也会变动,ENCODER 把测得的速度传给主控板再传给 PC。

2. 加热系统

加热系统由 BLOWER(吹风电动机)、加热管、热电耦、SSR(固态继电器)、空气开关(低压断路器)等部分组成。打开炉盖,拆开加热区可以看到有两层洞洞板,两边有加热管,中间有热电偶线,后面还有 BLOWER,每个区相应的外围还有热电偶接线口。加热系统如图 4.18 所示。

① BLOWER:用于把热风均匀地吹到 PCB 上,实现热风强制对流,均匀加热 PCB 板。

(a) 加热模组

(b) 加热区

图 4.18　加热系统

② 加热管:用于实现炉子各加热区的加热。

③ 热电偶:用于侦测加热区的温度,热电偶测得的温度由计算机控制主屏幕显示出来,同时由计算机分析处理后传输给 CONTROLLER,由其通过 SSR 对加热管的输入功率作出相应的调整。

④ SSR:由其实现对加热管的输入功率的控制调节。其控制调节过程如图 4.19 所示。

图 4.19　加热系统控制调节过程

380 V 的电压供给各加热区的空气开关,然后到 SSR,PC 先给主控板信号,主控板再让 SSR 通路电流到加热管,加热管开始加热。热电偶感测温度再把信号传给 T/C 模块,T/C 模块转换成数字信号到主控板,主控板再把信号给 PC,PC 再给信号给主控板,主控板调节 SSR 的电流大小控制住温度。空气开关、SSR 如图 4.20 所示。

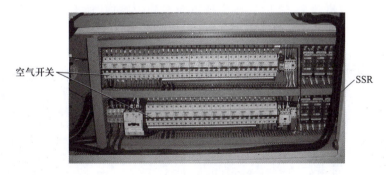

图 4.20　空气开关、SSR

⑤ 空气开关:用于限定该回路的最大工作电流,当电流超过其允许的最大电流时,空气开关会自动跳开,保证设备和人员的安全。

3. 上炉体开启系统

上炉体可以整体开启,采用双电动丝杠顶升机构,便于炉膛的清洁和维护。

4. 冷却系统

冷却系统由冷却风扇、冷却风扇速度调节旋钮等部分组成,此机构的功能主要是实现 PCB 板的冷却。

① 冷却风扇:在 PCB 经过回流区后,由其对 PCB 冷却而实现焊接点的凝固。

② 冷却风扇速度控制旋钮:通过控制冷却风扇的转速以达到要求的温度曲线。

5. 抽风系统

冷却区有三个区,热电偶线在第一个冷却区,在第一个冷却区与 12 温区上区之间有个抽风孔,往上顶端有个抽风电动机,抽风电动机还有个管道通到 FLUX 回收箱,在回收箱的另一端有个管道一直连到第一和第二冷却区之间。在平时正常运作的时候通过抽风电动机把 12 温区和第一冷却区的热气抽出到 FLUX 回收箱,在回收箱的管道里有外部的冷却风扇对气体进行冷却,再把冷却完的气体从第一和第二冷却区之间注入,这样就能达到冷却区的冷区效果。抽风系统如图 4.21 所示。

(a) 抽风孔   (b) 抽风电动机

图 4.21   抽风系统

6. FLUX(助焊剂)回收系统

在收集 FULX 时,HELLER 内部由于是用的高温程序,温度很高,FLUX 被汽化后上升,通过抽风电动机管道流到 FLUX 收集箱,通过管道外的冷却风扇冷却凝结在回收箱内,从而达到收集效果,之后气体会被重新送到炉膛内,所有气体这样不断经过收集,从而将炉膛内的 FLUX 清除干净。FLUX 回收系统装置如图 4.22 所示。

(a) 抽风电动机   (b) 回收箱

图 4.22   FLUX 回收系统装置

7. 电气控制系统

① 控制系统采用 PLC+模块控制,性能稳定可靠,重复精度更高。

② 设有漏电保护器,确保操作人员及控制系统的安全。

③ 全部采用进口元器件,确保整个系统的高可靠性。

④ 专用晶闸管散热器,散热效果大幅提高,有效延长使用寿命。

8. 计算机软件功能

① 可以设置和存储多种工艺参数,不同产品的各种工艺参数都形成独立的文件,生产不同的产品,只要调用相应的处方文件即可。

② 可自行设定和记录机器所有的异常报警信息。

③ 可以设定和自动记录机器操作日志。

④ 可以设定和自动记录机器的状态。

4.2.3　HELLER 回流焊机技术参数认知

HELLER 1900EXL 型回流焊机主要技术参数如表 4.2 所示。

表 4.2　HELLER 1900EXL 型回流焊机主要技术参数

型号	1700 系列	1800 系列	1900 系列
加热部分参数			
加热区数量	上 5~7/下 5~7	上 7~11/下 7~11	上 12~13/下 12~13
加热区长度/cm	385		
加热方式	强制热风对流式		
冷启动加热时间/min	10~15		
温度控制范围/℃	室温~300		
冷却区数量/个	2	2	3
冷却区总长/cm	126		
冷却形式	强制循环式风冷		
运输部分参数			
PCB 最小/最大宽度/mm	50~600		
传送导轨调宽范围/mm	50~600		
传送方向	右→左(左→右 OPTION)		
传送带高度/mm	900±20		
PCB 传送方式	链传动+网传动(链传动+中央支撑系统)		
PCB 进板间距/mm	5		
传送带速度/(mm·min⁻¹)	0~1 880		
运输控制系统	PC 闭环控制		

型号	1700 系列	1800 系列	1900 系列
电源部分参数			
电源	三相,380 V,50/60 Hz		
启动功率/kW	33		
正常工作消耗功率/kW	14.4~16.8		
系统配备参数			
计算机配备	Celeron 2.0 以上		
计算机操作系统	Windows		
屏幕	15 英寸 SVGA MONITOR		

4.2.4　HELLER 回流焊机安全危险标签认知

HELLER 回流焊机使用三种基本类型的警示框,对在回流炉系统的操作、维护以及故障排除过程中的人员进行警示。

① 危险! 表示如果没有遵守正确的程序,其动作将引起严重的人身伤害甚至死亡。

② 警告! 表示如果没有遵守正确的程序,其动作可能导致严重的人身伤害甚至死亡。

③ 小心! 表示如果没有遵守正确的程序,其动作可能引起设备损坏和(或)轻度至中度的人身伤害。

部分警示框说明如表 4.3 所示。

表 4.3　HELLER 回流焊部分警示框说明

类　别	标　签	说　明
危险　安全危险标签	DANGER HIGH VOLTAGE	危险电压警告:警告操作人员可能引起严重伤害甚至死亡的高压区域的位置
		灼热表面警告:警告操作人员接触时可能引起烫伤的灼热表面
		移动部件警告:警告操作人员保持手部和手指远离可能引起伤害的机构

续表

类　别		标　签	说　明
警告	电气危险	⚡	警告！在进行任何维护或修理工作之前,必须断开设备电源,并在电气断开处贴上锁定装置
	基本安全防范措施	⚠	警告！只有具有资质并得到授权的人员才能执行设备的安装、设置、维护、故障排除以及修理
	失火危险		警告！Heller 回流炉出现任何失火情况时,必须使用 C 级灭火器
小心	环境危险	危险废弃物	⚠	小心！在系统维护和修理过程中产生的固体废弃物(电子元器件、内部沉淀物、脏布等)应视为危险废弃物。请咨询设备安全管理人员以及制造商的"材料安全数据表",获得有关危险材料正确处置的说明
		工艺废气		小心！排出废气的危害性取决于使用的工艺气体以及所处理的材料。在启动系统之前,应由经过培训的安全/环境工程师对排出废气的化学成分进行可能危害性的评估
		电气故障产生的烟气		小心！回流炉系统中的电气故障产生的烟气会排出至周围区域中。操作人员应避免吸入这些烟气,因为其中含有有害物质。在启动系统之前,应由经过培训的安全/环境工程师对烟气的化学成分进行可能危害性的评估

4.2.5　劲拓、日东回流焊机认知

　　国内主要使用的 SMT 回流焊机,除了美国 HELLER 公司的系列回流焊机外,国产品牌日东、劲拓等回流焊机应用也很广泛。同时,各设备生产厂商为满足用户的不同需要都推出了各种系列的回流焊机。总体而言,这些回流焊机生产厂家在设备设计上都在朝着采用更先进的热传递方式,达到节约能源、均匀温度、适合双面 PCB 及新型元器件封装方式的焊接要求,并逐步实现对波峰焊的全面代替这一目标努力。

任务 4.3　回流焊机的操作

教学课件
任务 4.3

　　回流焊机操作根据回流焊操作作业指导书进行,其工艺流程图如图 4.23 所示。

微课

回流焊的操作

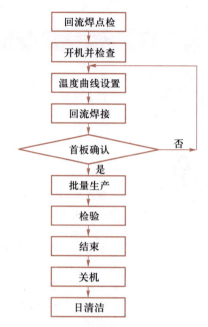

图 4.23　全自动回流焊机操作工艺流程图

4.3.1　回流焊点检

每天生产前,要对设备进行点检。检查设备,保证设备外部清洁、轨道内无异物、无掉落部件。日点检内容如表4.4所示。

表 4.4　回流焊日点检内容项目表

序号	点检项目	点检标准	点检方法	点检时间
1	设备	外部清洁、无异物	目视	每天
2	UPS	正常开启	目视	起动前
3	链条	张力合适,无变形、松动、破损	手动	起动前
4	状态指示灯	正常亮灯	手动	起动前
5	急停按钮	正常动作	手动	起动前
6	操作按钮	正常动作	手动	起动前
7	排风管	正常排风	手动	起动时
8	加热效果	炉温合适	Profile 验证	起动时
9	加热状态	实际温度与设定温度差异在 10 ℃ 以内	目视	起动时

4.3.2　开机与设备检查

1. 开机

虚拟仿真

回流焊的开机及轨道运动

① 打开设备主电源开关(旋转红色主电源开关由"O"转为"I"),开启电源。

② 打开计算机主机电源开关,开启计算机。

③ 回流炉操作程序将自动启动。如果没有自动启动,双击桌面上如图 4.24 所示的回流炉操作程序图标。

④ 屏幕将提示输入用户名（User Name）和密码（Password），界面如图 4.25 所示。默认用户名为"oven"（回流炉），密码为"oven"（回流炉），然后按 Enter 键或单击 OK 按钮。

图 4.24　回流炉操作程序图标

图 4.25　回流炉操作程序登录界面

⑤ 在载入程序之前，将提示用户确认回流炉空闲。选择"是"，将提示用户输入要调用的程序，如图 4.26 所示。

选择对话框中的程序名并打开，软件将运行所选程序，并通过程序主界面监视回流炉参数。程序主界面如图 4.27 所示。

图 4.26　调用程序界面

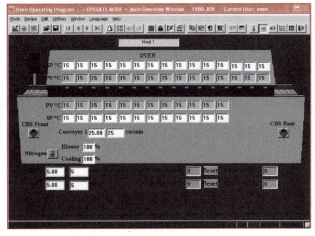

图 4.27　程序主界面

2. 程序主界面认知

程序主界面是 HELLER 回流炉的图形表示，将在登录并载入程序后出现。

程序主界面也用作程序编辑器。对于 Hc2 控制板，图 4.27 在底部显示"与 Hc2 通信"信息的绿色栏。Hc1 控制板则没有信息显示。

根据每个回流炉的选项不同，程序主界面上的信息、参数和控制器将不同。

以图 4.27 为例，界面简单介绍如下。

① 每个加热区的温度控制将显示设定值（SP）和实际温度值（PV）。单击温度区 SP 文本框，可以对设定值进行修改。用户可在操作（Operate）模式中编辑设定值，并持续监控和更新实际温度值（PV）。

②　屏幕顶部的说明框显示当前选择的区域。

③　可以修改传送带(Conveyor)的速度：单击传送带 SP 文本框,并插入速度值(单位：距离/时间)。

④　指示灯动画跟踪回流炉的状态。红灯表示回流炉当前处于报警状态。黄灯表示警告状态或者回流炉处于启动序列。绿灯表示回流炉处于工艺预备状态,可以接收电路板。

⑤　单击 SP 文本框,插入新的宽度值(单位：长度),可以修改轨道宽度(仅适用于计算机控制的可调节系统)。实际位置显示于 PV 文本框中。

⑥　输入 0 至 100% 的数字,可以调节冷却风机(Blower)的速度(如果已配备)。对于具有加热冷却区的回流炉,冷却风机的速度在 65% 至 100% 之间。

⑦　当电路板经过进板传感器时,显示其动画,以实现在回流炉中的板跟踪监控(如果已配备)。

⑧　通过单击主界面上标有"氮气"字样的触发开关,可以打开或关闭回流炉的氮气供应。

⑨　掉板选项将允许检测在回流工艺过程中,电路板是否会从可调节轨道传送带上坠落,并发出警告信号,这样操作人员可以采取纠正措施。

⑩　在载入特定程序后,板计数选项允许计算机显示回流炉处理的电路板数量的计数。当电路板进入回流炉时,激活入口处传感器,计数一块板"进入"。当板离开回流炉时,激活回流炉出口处传感器,计数一块板"已通过"。该功能可以用于统计已处理的板数量。

⑪　"中心板支撑升降"按钮将允许 CBS(中心板支撑)的垂直运动(如果已配备)。

⑫　计算机控制轨道选项(如果已配备)将允许轨道的水平调节,只要输入所需轨道宽度距离值即可。

主界面上方是菜单栏和主工具栏,菜单栏容纳了用于不同屏幕切换和功能激活的所有命令,主工具栏只包括了常用的不同屏幕切换和功能激活的图标命令,图标命令在菜单栏中都有对应的菜单命令。菜单栏和主工具栏分别如图 4.28、图 4.29 所示,菜单栏的下拉菜单命令如图 4.30 所示,简单介绍如下。

(1) 模式(Mode)

菜单栏中的 Mode 命令的下拉菜单如图 4.30(a)所示,它包括 5 种模式命令。

①　操作(Operate)模式：软件通过通信端口 1 与温度控制器通信。在计算机和主控制器之间可使用硬件定时键。软件将持续监视和控制所有数字输入/输出(I/O),以及所有温度和传送带/轨道控制区。对应主工具栏上的"▓"图标命令。在操作模式下,将出现程序主界面,软件将监控回流炉。

Mode　Recipe　Edit　Utilities　Window　Language　Help

图 4.28　菜单栏

图 4.29　主工具栏

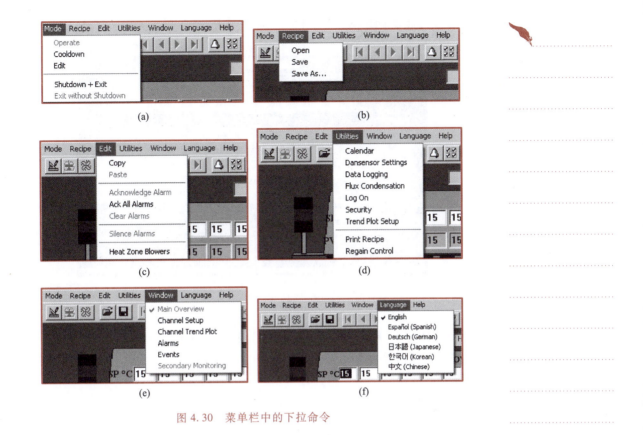

图 4.30　菜单栏中的下拉命令

② 冷却(Cooldown)模式:使用该模式后机器停止加热不可生产。命令执行后,断开加热器的电源,同时保持传送带和吹风电动机工作,直至所有温度控制区低于 95 ℃。对应主工具栏上的"❄"图标命令。

③ 编辑(Edit)模式:在离线时或回流炉由其他程序控制时,生成或修改程序,可以在机器正常运行生产时进行操作。对应主工具栏上的"✍"图标命令。

④ 关闭+退出(Shutdown+Exit)模式:将有序地终止回流炉处理。断开加热器的电源,同时保持传送带和吹风电动机工作,直至所有温度控制区低于 95 ℃。对应主工具栏上的"⏮"图标命令。

执行该命令后,出现确认载入冷却模式对话框,对话框如图 4.31 所示。单击"Yes"将载入冷却模式。冷却模式的主界面如图 4.32 所示。

如果回流炉已处于冷却模式,单击主工具栏上的"关闭+退出"图标;或从菜单栏选择"模式",然后选择"关闭+退出",将终止回流炉操作程序。

图 4.31　载入冷却模式对话框

📕小贴士
如果回流炉当前正在工作,同时用户正在编辑已有文件,则不能打开正在控制回流炉的文件。

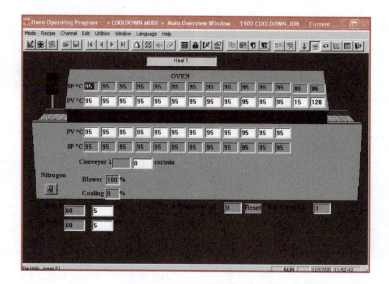

图 4.32　冷却模式的主界面

⑤ 不关闭退出(Exit Without Shutdown)模式:将退出应用程序,并对最后载入的回流炉程序没有任何影响。

注意

不推荐使用"不关闭退出"命令。

(2) 程序(Recipe)

菜单栏中的 Recipe 命令的下拉菜单如图 4.30(b)所示,它包括 3 种程序命令。

① 打开(Open):打开已有程序,仅在操作模式或编辑模式可用。对应主工具栏上的"🗁"图标命令。

② 保存(Save):以相同文件名保存当前程序,在操作和编辑模式中都不会有进一步的提示。对应主工具栏上的"🖫"图标命令。

③ 另存为(Save As...):以新的不同文件名保存当前程序。

(3) 编辑(Edit)

菜单栏中的 Edit 命令的下拉菜单如图 4.30(c)所示,它包括 7 种编辑命令。

① 复制/粘贴(Copy / Paste):用在控制区设置窗口中,可以将所有的控制区参数复制和粘贴至其他控制区中。

② 确认报警(Acknowledge Alarm):确认列于报警日志窗口中最近的报警。

③ 确认所有报警(Ack All Alarms):确认报警日志窗口中还没有确认的多项报警。对应主工具栏上的"▨"图标命令。

④ 清除报警(Clear Alarms):删除报警日志窗口中列出的所有报警。对应主工具栏上的"✐"图标命令。

⑤ 报警静音(Silence Alarms)：允许关闭已激活的蜂鸣报警。如果出现其他报警情况，蜂鸣报警将再次激活。

⑥ 加热区吹风电动机(Heat Zone Blowers)：控制吹风电动机的低速、中速和高速。该低速、中速和高速值已在工厂中设定。对应主工具栏上的""图标命令。执行该命令后出现的对话框如图 4.33 所示。

图 4.33　加热区吹风电动机
速度调整对话框

(4) 工具(Utilities)

菜单栏中的 Utilities 命令的下拉菜单如图 4.30(d)所示，它包括如下工具命令。

① 日历(Calendar)：显示日历设置屏幕，可选定调用程序的时间，一般不使用。对应主工具栏上的"▦"图标命令。

② 安全级别(Security)：显示安全级别设置屏幕，对该机器使用者和密码的设定。对应主工具栏上的"🔒"图标命令。

③ 数据采集(Data Logging)：显示数据采集对话框，设定用户激活并选择回流炉数据采集的时间间隔。对应主工具栏上的"🖉"图标命令。

④ 趋势图设置(Trend Plot Setup)：显示控制区趋势图的设置屏幕，用于设置控制区视图的颜色、线型和控制区变量。对应主工具栏上的"▨"图标命令。

⑤ 登录(Log On)：显示新用户登录屏幕，用于切换至不同的用户名和密码，可以访问其用户级别指定的可用功能。对应主工具栏上的"👤"图标命令。

⑥ 助焊剂冷凝(Flux Condensation)：助焊剂冷凝参数设置。

⑦ 打印程序(Print Recipe)：打印已有程序。对应主工具栏上的"打印"图标。

⑧ 打印日志(Print Journal)：将打印回流炉发生的所有事件。对应主工具栏上的"打印"图标。

(5) 窗口(Window)

菜单栏中的 Window 命令的下拉菜单如图 4.30(e)所示，它包括如下窗口命令。

① 主总览(Main Overview)：从其他模式画面中回到主画面。对应主工具栏上的"▦"图标。

② 控制区设置(Channel Setup)：设置各温区运行参数、控制和报警设置。对应主工具栏上的"▨"图标。控制区设置对话框如图 4.34 所示。

③ 控制区趋势图(Channel Trend Plot)：设置各温区可分别配置的图形。图形中的历史数据可以从日志数据库文件中恢复。对应主工具栏上的"▤"图标。控制区趋势图设置对话框如图 4.35 所示。

④ 报警(Alarms)：报警信息列表显示。机器中发生的故障和错误会在这里显示，需确认该信息，并排除故障才能使机器运行。对应主工具栏上的"△"图标。

⑤ 事件(Events)：记录登入的权限和操作的动作及时间。每次按键、报警、警告和用户数据操作将储存于日志数据库文件中。对应主工具栏上的"▦"图标。

🌟小贴士
用户不能在操作模式打印当前打开的程序与日志。

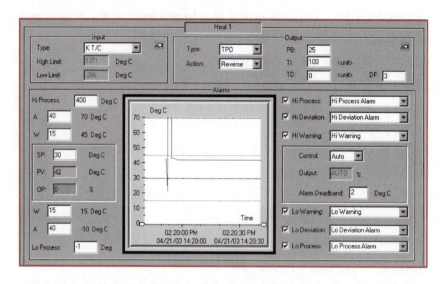

图 4.34　控制区设置对话框

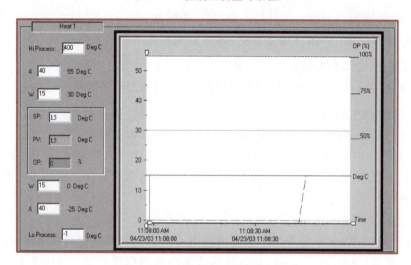

图 4.35　控制区趋势图设置对话框

（6）语言（Language）

菜单栏中的 Language 命令的下拉菜单如图 4.30(f)所示。用户可选择英语、德语、日语、韩语、西班牙语及中文。如果 Windows 操作系统中没有激活正确的语言字体，非英语的语言可能无法正确显示。默认的软件设置是英语。

（7）主工具栏其他图标命令

① 到第一个控制区、前进、后退、到最后一个区 ：这一组控制在设置加热区和加热区参数设定里才能用，用来选择不同的区域。

② 用户退出 ：退出系统，终止对所有"回流操作程序"操作的访问。

③ FLUX 收集程序、风扇调控 ：建议不使用。

3. 设备检查

① 检查 UPS：打开设备后壳，检查 UPS 电源，保证正常开启。

② 检查急停按钮：按下急停按钮，指示灯亮；拔出急停按钮，按复位按钮，灯灭，说明急停按钮动作正常。

③ 检查升降系统操作开关：升降系统操作开关（HOOD）置于 OPEN，升起顶盖；置于 CLOSE，降下顶盖。说明升降系统操作开关动作正常。

④ 检查链网、链条：保证其张力合适，无变形、松动、破损。

⑤ 检查状态指示灯：绿灯亮表示温度达到设定值，黄灯亮表示升温，红灯亮表示超温报警。

⑥ 检查加热效果和状态：观察加热过程，保证升温正常。实际加热温度与设定温度差异在 10 ℃ 以内。

4.3.3　温度曲线设置（回流焊编程）

1. 温度曲线设置前的准备

回流焊是 SMT 生产中重要的工艺环节。它是一种自动群焊过程，成千上万个焊点在短短几分钟内一次完成，其焊接质量的优劣直接影响到产品的质量和可靠性。做好回流焊，关键是设定回流焊的温度曲线。

正确的温度曲线设置取决于所使用锡膏的特性、回流焊炉的结构、电路板的结构与组件分布等。

（1）温度曲线设置认知

典型的温度曲线，一般分为四个区：预热区（PREHEAT）、保温区（SOAK）、焊接区或者回流区（REFLOW）、冷却区（COOL）。

预热区：预热区升温的目的是将锡膏、PCB 及元器件的温度从室温提升到预定的预热温度。预热温度是低于焊料熔点的温度。升温段的一个重要参数是"升温速率"。

保温区：保温的目的是让锡膏中的助焊剂有充足的时间来清理焊点、去除焊点的氧化膜，同时使 PCB 及元器件有充足的时间达到温度均衡，消除"温度梯度"。

回流区：回流区的目的是焊料熔化并达到 PCB 与元器件引脚良好钎合。在回流区，温度开始迅速上升，一般来讲，此段最高温度应高于焊料熔点 20 ℃ 以上，但在峰值温度以上的时间应控制在 30 s 以内，如果此段温度过高则会损坏元器件，温度过低则会造成部分焊点润湿及焊接不良。为避免及克服上述缺陷，目前选用强制热风回流焊效果较好。

冷却区：冷却区冷却的目的是使焊料凝固，形成焊接接头，并最大可能地消除焊点的内应力。降温速率应小于 4 ℃/s，降温至 75 ℃ 时即可。

回流焊工艺参数（焊料熔点 200 ℃）的参考数值如图 4.36 所示。

总之，回流温度曲线建立的原则是回流区以前温度上升速率要尽可能地小，进入回流区后半段后，升温速率要迅速提高，回流区最高温度的时间控制要短，使 PCB、SMD 少受热冲击，生产前必须花较长的时间调整好温度曲线，同时应依据产品特性及批量来选择使用几个温区的回流焊设备。

虚拟仿真
回流焊测温

虚拟仿真
回流焊温度控制

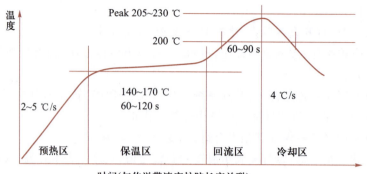

图 4.36 回流焊工艺参数的参考数值

（2）锡膏与回流焊结构分析

① 锡膏性能

设置温度曲线,所使用锡膏的性能参数是必须考虑的因素之一。首先是合金的熔点,即回流焊区温度应高于合金熔点 30~40 ℃。其次是锡膏的活性温度以及持续的时间。锡膏推荐温升速度、活性温度、回流时间以及回流温度可以从锡膏生产商处获取。HELLER 回流炉已成功使用多种锡膏,其共晶焊和无铅焊的典型温度曲线如图 4.37 所示。

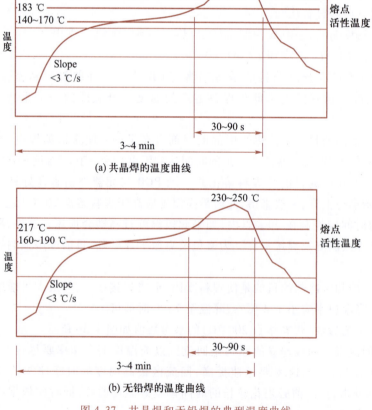

(a) 共晶焊的温度曲线

(b) 无铅焊的温度曲线

图 4.37 共晶焊和无铅焊的典型温度曲线

② 炉子的结构

对于首次使用的回流焊炉,设置温度曲线前应首先考察一下炉子的结构。了解温区的数量、几块发热体、是否独立控温、热电偶放置在何处;热风的形成与特点、是否构成温区内循环、风速是否可调节;每个加热区的长度以及加热温区的总长度等。

③ 炉子的带速

设定温度曲线第一个考虑的参数是传送带的速度,故应首先测量炉子的加热区总长度,再根据所加工的 SMA 尺寸大小、元器件多少以及元器件大小或热容量的大小决定 SMA 在加热区所运行的时间。理想的温度曲线所需的焊接时间为 3~5 min,因此,有了加热区的长度以及所需时间,就可以方便地计算出回流焊炉的运行速度。

（3）回流焊所需测温设备

测温设备的作用是防止回流焊自带测温设备存在的误差,引入第三方测温系统,精确测量炉温。下面以 SlimKIC2000 为例进行讲解。

SlimKIC2000 型温度测试仪如图 4.38 所示。

SlimKIC2000 的构造包括两种模式:无线传输模式和数据存储模式。

① 无线传输模式。SlimKIC2000 的接收器是插在 PC 上的 COM 端口,电源插在线缆上的小插座再插在交流电源上。将接收器线缆直接插入 SlimKIC2000,然后对 SlimKIC2000 进行初始化。做温度-时间的曲线时,通信线一定要始终保持连接,以确保 SlimKIC2000 有发送能力。

② 数据存储模式。SlimKIC2000 的数据存储器是直接插入 PC 的 COM 端口。数据存储模式没有接收器和电源。

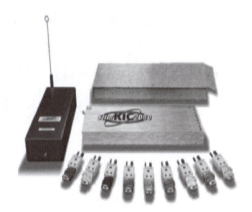

图 4.38　SlimKIC2000 型温度测试仪

无线传输和数据存储模式的连接如图 4.39 所示。

(a) 无线传输模式

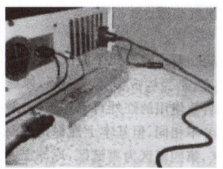

(b) 数据存储模式

图 4.39　无线传输和数据存储模式的连接

（4）PCB 基板分析

① 柔性印制电路板温度的设定

柔性印制电路板又称软性印制电路板,是由软性基材制成的,如图 4.40 所示。

其主要特点为:可弯曲折叠,能方便地在三维空间装连,减小了电子整机设备的体积;质量轻,配线一致性好,使电子整机设备的可靠性得到提高。柔性印制电路板元器件一般不是很多,元器件一般较小,整个基板和元器件的吸热量小。因此,对柔性印制电路板设置回流温度曲线时温区参数不宜设置过高,风机频率不宜设置过大。

② 单面 PCB 基板温度的设定

单面 PCB 基板如图 4.41 所示。

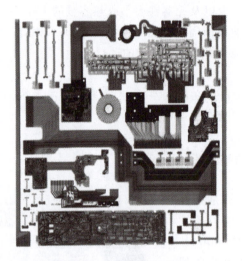

图 4.40   柔性印制电路板

图 4.41   单面 PCB 基板

单面 PCB 基板的整个基板和元器件的吸热量较小。因此,对单面 PCB 基板设置回流温度曲线时温区参数要根据元器件多少设置,风机频率也要根据元器件多少设置,一般不宜设置过大。

③ 双面板焊接温度的设定

双面板如图 4.42 所示。

早期对双面板回流焊时,通常要求设计人员将元器件放在 PCB 的一侧,将阻容组件放在另一侧,其目的是防止第二面焊接时组件在二次高温下会脱落。但随着布线密度的增大或 SMA 功能的增多,PCB 双面布有元器件的产品越来越多,这就要求我们在调节炉温曲线时,不仅在焊接面设定热电偶而且在反面也应设定热电偶,并做到在焊接面的温度曲线符合要求的同时,SMA 反面的温度最高值不应超过锡膏熔化温度(179 ℃)。使得当焊接面的温度达到 215 ℃时反面最高温度仅为 165 ℃,即反面未达到锡膏熔化温度。此时,SMA 反面即使有大的元器件,也不会出现脱落现象。

④ BGA 焊接温度的设定

含有 BGA 的印制电路板如图 4.43 所示。

BGA 是近几年使用较多的封装元器件,由于它的引脚均处于封装体的下方,又因为焊点间距较大(1.27 mm),所以焊接后不易出现桥连缺陷。但也会带来一些新问题,即焊点易出现空洞或气泡,而在 QFP 或 PLCC 元器件的焊接中,这类缺陷相对要少得多。究其原因,与 BGA 焊点在其下方阴影效应有关,会出现实际焊接温度比其他元器件焊接温度要低的现状,此时锡膏中溶剂得不到有效的挥发,被包裹在焊料中。因此,实际工作中应尽可能地将温度调高一些,同时特别注意 BGA 的焊接温度,使它与其他组件温度相兼容。

图 4.42　双面板

图 4.43　含有 BGA 的印制电路板

（5）影响炉温的因素分析

在电子产品组装过程中,影响回流焊质量的原因很多,归纳起来主要有以下几个因素。

① PCB 焊盘设计

SMT 的组装质量与 PCB 焊盘设计有直接的、十分重要的关系。如果 PCB 焊盘设计正确,贴装时少量的歪斜可以在回流焊时由于熔融焊锡表面张力的作用而得到纠正（称为自定位或自校正效应）;相反,如果 PCB 焊盘设计不正确,即使贴装位置十分准确,回流焊后反而会出现元器件位置偏移、吊桥等焊接缺陷。根据各种元器件焊点结构分析,为了满足焊点的可靠性要求,PCB 焊盘设计应掌握以下一些关键要素。

• 对称性。两端焊盘必须对称,才能保证熔融焊锡表面张力平衡。

• 焊盘间距。确保元器件端头或引脚与焊盘恰当的搭接尺寸。焊盘间距过大或过小,都会引起焊接缺陷。

• 焊盘剩余尺寸。元器件端头或引脚与焊盘搭接后的剩余尺寸,必须保证焊点能够形成弯月面。

• 焊盘宽度。焊盘宽度应与元器件端头或引脚的宽度基本一致。

以矩形片式元器件为例,焊盘结构如果违反了设计要求,回流焊时就会产生焊接缺陷,而且 PCB 焊盘设计的问题在生产工艺中是很难甚至是无法解决的。

• 当焊盘间距过大或过小时,回流焊时由于元器件焊端不能与焊盘搭接交叠,会产生吊桥、移位。

• 当焊盘尺寸大小不对称或两个元器件的端头设计在同一个焊盘上时,由于表面张力不对称,也会产生吊桥、移位。

• 导通孔设计在焊盘上,焊料会从导通孔中流出,会造成锡膏量不足。

② 锡膏质量及锡膏的正确使用

在实际生产过程中,锡膏中的金属微粉含量、金属粉末的含氧量、黏度、触变性都有一定要求。如果锡膏金属微粉含量高,回流焊升温时金属微粉会随着溶剂、气体蒸发而飞溅；如金属粉末的含氧量高，还会加剧飞溅，形成锡珠；此外，如果锡膏粘度过低或锡膏的保形性（触变性）不好，印刷后锡膏图形会塌陷，甚至造成粘连，回流焊时也会形成锡珠、桥接等焊接缺陷。

锡膏使用不当，例如从低温柜取出锡膏直接使用，由于锡膏的温度比室温低，产生水汽凝结，即锡膏吸收空气中的水分，搅拌后使水汽混在锡膏中，回流焊升温时，水汽蒸发带出金属粉末，在高温下水汽会使金属粉末氧化，飞溅形成锡珠，还会产生润湿不良等问题。

③ 元器件焊端和引脚、印制电路基板的焊盘质量

当元器件焊端和引脚、印制电路基板的焊盘氧化或污染，或印制电路板受潮等情况下，回流焊时会产生润湿不良、虚焊、锡珠、空洞等焊接缺陷。

④ 印刷质量

据资料统计，在 PCB 设计正确、元器件和印制电路板质量有保证的前提下，表面贴装质量问题中约有 70% 的质量问题出在印刷工艺上。印刷位置正确与否（印刷精度），锡膏量的多少，焊锡量是否均匀，锡膏图形是否清晰、有无粘连，印制电路板表面是否被锡膏污染等都直接影响表面贴装板的焊接质量。

⑤ 贴装元器件质量

贴装质量的三要素：元器件正确、位置准确、压力（贴片高度）合适。元器件贴装错误、压力不合适都直接影响表面贴装板的焊接质量。

⑥ 回流焊温度曲线

温度曲线是保证焊接质量的关键，实时温度曲线和锡膏温度曲线的升温斜率和峰值温度应基本一致。160 ℃前的升温速度控制在 1~2 ℃/s。如果升温斜率太大，一方面使元器件及 PCB 受热太窄，易损坏元器件，造成 PCB 变形；另一方面，锡膏中的溶剂挥发速度太快，容易溅出金属成分，产生锡珠。峰值温度一般设定得比锡膏金属熔点高 30~40 ℃（例如 63%Sn/37%Pb 锡膏的熔点为 183 ℃，峰值温度应设置在 215 ℃左右），再流时间为 30~60 s。峰值温度低或回流时间短，会使焊接不充分，严重时会造成锡膏不熔；峰值温度过高或回流时间长，会造成金属粉末氧化，影响焊接质量，甚至会损坏元器件和印制电路板。

设置回流焊温度曲线的主要依据如下：

• 根据使用锡膏的温度曲线进行设置。不同金属含量的锡膏有不同的温度曲线，应按照锡膏生产商提供的温度曲线设置具体产品的回流焊温度曲线。

• 根据 PCB 的材料、厚度、是否是多层板和尺寸大小设置。

• 根据表面贴装板搭载元器件的密度、元器件的大小以及有无 BGA、CSP 等特殊元器件进行设置。

• 根据设备的具体情况，例如加热区的长度、加热源的材料、回流焊炉的构造和热传导方式等因素进行设置。

• 根据温度传感器的实际位置来确定各温区的设置温度。若温度传感器位置在发热体内部，设置温度比实际温度高近一倍左右；若温度传感器位置在炉体内腔的顶部或底部，设置温度比实际温度高 30 ℃左右。

• 根据排风量的大小进行设置。一般回流焊炉对排风量都有具体要求，但实际排风

因各种原因有时会有所变化。确定一个产品的温度曲线时,要考虑排风量,并定时测量。

• 环境温度对炉温有影响。特别是加热温区较短、炉体宽度窄的回流焊炉,炉温受环境温度影响较大,因此,在回流焊炉进出口处要避免对流风。

⑦ 回流焊的质量

回流焊质量与设备有着十分密切的关系。影响回流焊质量的主要参数有以下一些:

• 温度控制精度应达到±(0.1~0.2)℃(温度传感器的灵敏度要满足要求)。

• 传送带横向温差要求±5 ℃以内,否则很难保证焊接质量。

• 传送带宽度要满足最大 PCB 尺寸要求。

• 加热区长度越长、加热区数量越多,越容易调整和控制温度曲线。一般中小批量生产选择 4~5 个温区,加热区长度 1.8 m 左右即能满足要求。另外上、下加热器应独立控温,以便调整和控制温度曲线。

• 最高加热温度一般为 300~350 ℃,如果考虑无铅焊料或金属基板,应选择 350 ℃以上。

• 传送带运行要平稳,传送带振动会造成移位。

从以上分析可以看出,回流焊质量与 PCB 焊盘设计、元器件可焊性、锡膏质量、印制电路板的加工质量、生产线设备以及 SMT 每道工序的工艺参数,甚至与操作人员的操作都有密切的关系。同时也可以看出 PCB 设计、PCB 加工质量、元器件和锡膏质量是保证回流焊质量的基础,因为这些问题在生产工艺中是很难解决的,甚至是无法解决的。

2. 温度曲线设置流程

温度曲线设置流程如图 4.44 所示。

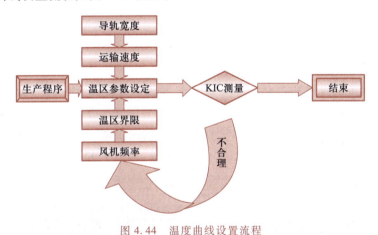

图 4.44 温度曲线设置流程

(1)打开已有的文件

按下"Reset"键,指示灯熄灭,回流焊机复位。

当计算机进入操作画面后,进入回流焊的应用控制程序,选择菜单中的"打开–选中对应产品的温度设置文件",并确认。选择"编辑模式",进入温度调节界面,进行温度设置。

(2)导轨宽度调节

在调节开始时,可采用较快的速度;当导轨宽度接近 PCB 宽度时,尽量采用较低的速度进行精确调节。最后使导轨宽度适合要生产印制电路板的宽度。

（3）运输速度调整

根据锡膏的时间参数和炉长调整速度。

（4）温度参数设置

根据产品需要的温度曲线,参考 HELLER 回流焊操作手册上提供的温度设定进行温度设置。HELLER 回流焊提供的部分设备温度设定起始点如表 4.5 所示。

表 4.5　HELLER 回流焊提供的部分设备温度设定起始点　　　（单位:℃）

回流焊	1700	1800	1809	1900
加热区 1	150~180	150~180	180~200	150~180
加热区 2	150~180	150~180	150~180	150~180
加热区 3	150~180	150~180	150~180	150~180
加热区 4	150~180	150~180	150~180	150~180
加热区 5	180~210	150~180	150~180	150~180
加热区 6	240~300	180~200	150~180	150~180
加热区 7		200~240	180~200	150~180
加热区 8		240~300	200~240	150~180
加热区 9			240~300	180~200
加热区 10				180~200
加热区 11				200~240
加热区 12				240~300

预热区温度设置通常在 150~180 ℃之间,保温区通常设置在 180~240 ℃之间,回流区最高温度可设定在 240~300 ℃之间,冷却区采用外冷方式,通常不显示温度。在屏幕上我们可以看到 2 行温度显示,一行(SP)是设定温度,一行(PV)是实际温度,只有当实际温度达到设定温度时,柱形条才显示绿色,如图 4.45 所示。

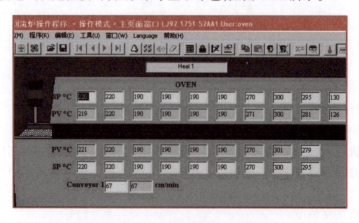

图 4.45　温度设置对话框

（5）温区界限和风机频率设定

温区界限一般为出厂设置，初学者不要改动。

用户可设定各风机变频器的频率，选项为 30 ~ 50 Hz。产品 PCB 较薄、较轻，元器件较少，频率应小一些；元器件较大，冷却区频率可设定高一些。

（6）核定温度曲线

在设备达到设定温度后，开始核定温度曲线。温度曲线的测定方式有两种，一种是采用在线式测试，一种是用温度曲线测试仪测试。

① 在线式测试

热电偶插在测温头插座上，通过长长的高温导线，把探头的一端固定在 PCB 上，通过设备自身携带的测温软件，得到温度曲线。测温头插座如图 4.46 所示。

图 4.46　测温头插座

② 用温度曲线测试仪测试（KIC 测温）

运行 KIC2000 主界面如图 4.47 所示。

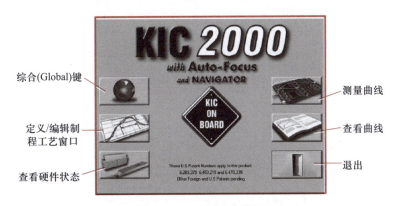

图 4.47　KIC2000 主界面

用温度曲线测试仪测试的具体方法简单介绍如下。

- 定义/编辑制程工艺窗口。单击图标 ，显示的界面如图 4.48 所示。
- 编辑参数 Edit Specs，这里用来设置锡膏曲线标准，如图 4.49 所示。
- 测量曲线，单击图标 进入炉子参数设置界面，如图 4.50 所示。

制程工艺窗口名

锡膏清单,
一定要与回
流焊中锡膏
型号相同

选择热电偶个
数,基板简
单,测试2点
能满足要求

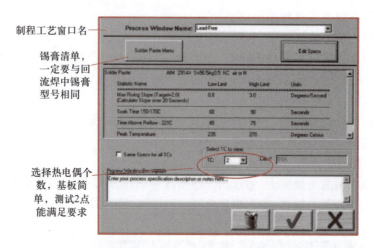

图 4.48　定义/编辑制程工艺窗口

设置每个分区
的温度
和斜率

升温的最高最低
斜率设置成
0~5 ℃/s

设置每
个分区
的温度
和持续
时间

温度上限持续的时间

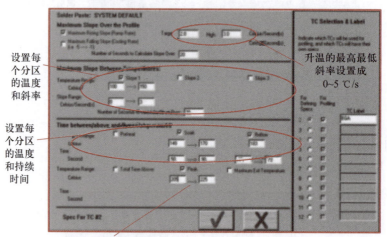

图 4.49　编辑参数 Edit Specs

温区个数

温区温度值

运行速度

温区总长度

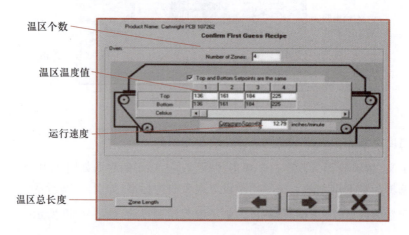

图 4.50　炉子参数设置界面

• 制作测温板。对于简单的电路板,一般选用两个热电偶。其中,一个热电偶固定在电路板组件上升温度最慢的点上,该点可能是 PLCC、QFP 或 BGA 的中心引线处,BGA 元器件的热电偶固定如图 4.51 所示;另一个热电偶固定在温度最高的位置,该高温点一般位于电路板角落未使用的空白部分。

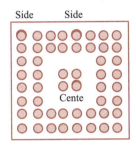 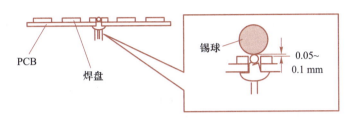

图 4.51 BGA 元器件的热电偶固定

热电偶的固定有四种方法:高温焊锡、高温胶带、铝箔固定及导热胶。四种固定方法如图 4.52 所示。

高温焊锡固定热电偶时,首先将需要固定热电偶的元器件引线接头上的焊料去除,再用高熔点焊锡重新焊接。然后将热电偶粘贴在电路板上,以免在处理过程中接头受力,并将热电偶的电线套入线管,防止卷入到传送带中。热电偶固定如图 4.53 所示,其中基准端突出基板 2.5 cm。

• 选择热电偶并开始做曲线,如图 4.54 所示。

为防止在测试过程中,因温度过高烧坏了测试仪,把连接好的温度曲线测试仪,用隔热盒盖好放入炉膛内开始测试。测量炉温如图 4.55 所示。

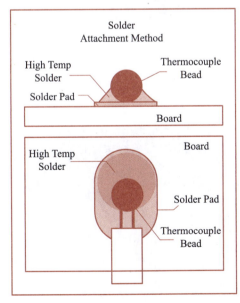 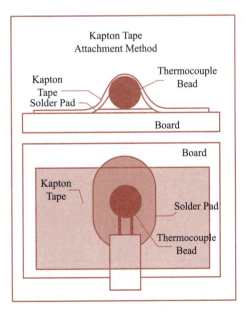

(a) 高温焊锡   (b) 高温胶带

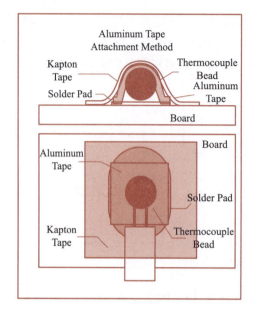
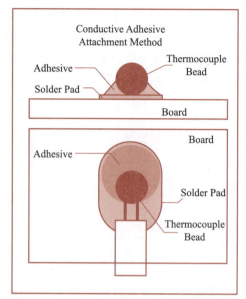

(c) 铝箔固定　　　　　　　　(d) 导热胶

图 4.52　热电偶固定的四种方法

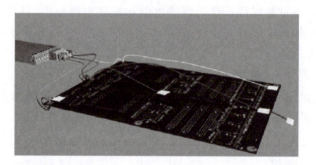

图 4.53　热电偶固定

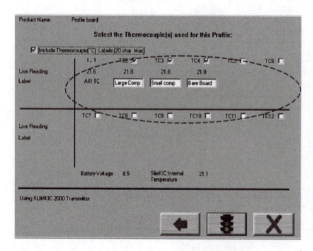

图 4.54　选择热电偶并开始做曲线

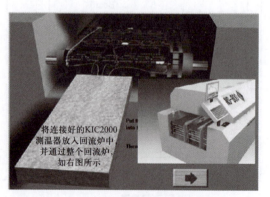

图 4.55　测量炉温

● 温度测试异常处理。

A．Profile 显示不出温度曲线,温度为超出显示范围:出现的问题可能是测温线短接,检查后处理。

B．Profile 显示不出温度曲线,或者温度为一直线无变化:出现的问题可能是测温线断开,检查断开处,进行处理,不能继续使用者进行更换。

C．温度为零下:出现的问题可能是测温线接反或者热电偶插头插反。进行更正后再测试。

● 收集数据分析。测试完成后,下载数据,并对数据进行分析,检查温度的设定情况和设备的运行情况。若出现红色数据则说明炉温实际值不符合要求,需要重新调整炉温。经过多次修改优化,使之符合温度曲线标准,并保存此处方文件。一切正常后,开始生产。

收集数据分析如图 4.56 所示。

小贴士

测量时注意 KIC 参数,电池最低电压值为 8.5 V,KIC 内部温度测量前必须在36 ℃以下。

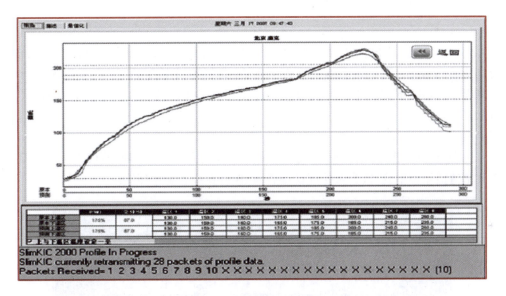

图 4.56　收集数据分析

注意

1．不需要在生产前对每个组件进行监测。HELLER 回流炉具有很广泛的工艺范围。如果与其他已经拟定程序的电路板的尺寸和密度接近,可以使用相同的监测程序,无须更改设定值。

2．对不同类型的印制电路板组件,可以设置通用的监测程序,通过改变传送带速度获得合理的结果。

3．印制电路板上的最高和最低温度的最大差异应低于 20 ℃,温度最高点应低于焊料熔点以上 40 ℃,最低温度应高于焊料熔点以上 15 ℃。

4．测温插座、插头均不能长时间处于高温状态,所以每次测完温度后,务必迅速将测温线从炉中抽出以避免高温变形。

4.3.4   首板焊接与确认

试投放 3~5 件产品,过炉固化/焊接,确认炉后产品品质有无固化/焊接不良。

重点检查推力不足、部件破损、少锡、连锡、虚焊、冷焊、立碑等不良现象,对不良原因从 PCB 部件分布、温度曲线设置两方面分析,并进行调整。对于作业指导书中规定的重点确认项,必须重点检查,确保焊接状态良好。

4.3.5   批量生产与检查

批量生产后,AOI 操作员对产品进行检验,将良品放入良品区,不良品贴上不良标签,放入不良区存放。

4.3.6   关机并清洁

1. 关机

生产结束时,确保回流焊炉腔内没有产品后,单击"Cooldown"图标,将回流焊设定为冷却模式,回流焊加热丝停止工作,冷却风机开始工作,当所有温区实际温度降至 95 ℃ 以下时,回流焊自动关闭,关闭主电源。冷却模式界面如图 4.57 所示。

2. 整理清洁

生产结束后,操作员需要对工作台和机器表面进行清洁、整理,使用无尘布并且蘸上酒精清洁设备罩盖、机身及外围设备表面,保持良好的工作环境。

🎮 虚拟仿真
回流焊的关机

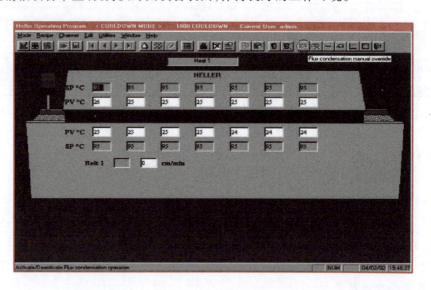

图 4.57   冷却模式界面

注意

1. HELLER 系列全热风回流焊机有两个抽风口,在实际生产中,必须将两个抽风口与工厂的主通风道连接,否则,将有可能由于风速不稳定而造成焊接温度不稳定。为了便于定期维护,排气通道必须与通风道进行镶嵌式活动连接。

2. UPS 应处于常开状态。当遇到断电时,机器会自动接通内置的 UPS,运输系统的传送电动机会继续运转,将工件从炉腔内运出,免受损失。

3. 若遇紧急情况,可以按下机器两端的"紧急制动"。

4. 控制用计算机禁止作其他用途。

【生产应用案例 1】——回流焊机操作作业
回流焊机操作作业指导书如表 4.6 所示。

【生产应用案例 2】——回流焊机温度曲线设置作业
回流焊机程序管理(温度曲线设置)作业指导书如表 4.7 所示。

表 4.6　回流焊机操作作业指导书

作业指导书	作业名	回流焊机操作作业指导书	适用产品	全型号产品	适用工程	回流焊接工程

排风管　总电源开关　急停开关　开关机盖　轨道宽度调整

软件画面

操作说明

1. 开机
1.1 打开设备电源总开关,开启电源
1.2 打开计算机主机电源开关
1.3 双击桌面上的应用软件图标,启动软件
2. 调取程序
单击软件画面上端菜单中的"程序",选择将要生产产品的温度曲线程序,设备将按照此时的设定温度开始升温。
3. 待实际温度值与设定温度值差值小于 5 ℃时,用测温仪测试回流焊温度是否符合温度固化/焊接标准
4. 如温度曲线正常,PCB 可以流入炉内进行固化/焊接;不符合标准:分析原因
5. 关机:单击菜单中的"COOLDOWN"选项,设备开始降温。降温至 95 ℃时,设备自动断电
6. 调整轨道宽度及开关机盖操作:参照右上图操作

注意事项:
设备运行过程中注意跟踪观察设备的工作状态。

制作日期

文件编号

使用配件

编号	配件名称	规格	数量
1	PCB	全型号	
2	配件	全型号	
3			
4			
5			
6			

使用工具及仪器

编号	工具名	工具规格	数量
1	回流焊	1809EXL	1
2	测温仪	全型号	1
3	测温板		
4			
5			
6			

相关文件

编号	文件名称
1	
2	
3	
4	
5	
6	

制作部门	审核	批准
制作		

软件版本变更记录

编号	内容	日期	制作	审核	批准
1					
2					
3					

不良现象记录

编号	内容	日期	制作	批准
1				
2				
3				

重点管理事项

设备计算机只能由操作者及技术员进行操作

表 4.7　回流焊机程序管理作业指导书

文件编号	回流焊机程序管理作业指导书	编次		制作	审核	批准
适用工程　回流焊接工程		A/O				
适用产品　全型号产品		页码	实施日期			

1. 新程序管理

(1) 确定固化/焊接材料属性及固化/焊接标准（即温度曲线标准）

固化材料：红胶，分高温红胶、低温红胶两种。

焊接材料：锡膏，分有铅锡膏、无铅锡膏两种。

固化/焊接标准由顾客提供。

(2) 设置温区参数并测试温度曲线

对各温区温度、链速、冷风速度、热风速度等各项参数分别设置。

用测温仪测试，进行多次修改优化，使之符合温度曲线标准。

(3) 确认固化/焊接效果

试投放 3~5 件产品，过炉固化/焊接，确认炉后产品品质有无固化/焊接不良。

常见的不良类型：推力不足，配件破损、连锡、冷焊、虚焊、立碑等。

对不良原因从 PCB 配件分布、温度曲线设置两方面分析。

(4) 备份温度设置

将各温区温度、链条速度、冷风速度、热风速度等各项参数记录在《回流焊程序管理台账》中。

2. 程序日常调试及变更

(1) 因 PCB 材质或设备出现故障时要对炉温设置，包括温区温度、链条速度、热风或冷风速度等进行调整。

(2) 修改《回流焊程序管理台账》，使程序参数保持最新。

软件版本变更记录			使用工具及设备	支持性文件	变更记录
版次	变更日	变更内容	回流焊、推力计、测温仪		《回流焊程序管理台账》
重点管理事项					
按照管理要求对程序进行管理					

任务4.4   回流焊机的维护

在SMT生产过程中,回流焊机占有举足轻重的地位,对温度曲线工艺过程稳定控制的最终结果将导致成品及半成品加工质量出现显著的变化。从全局控制因素分析,过程参数的设置、加工制程的影响、优化结果的实施,最终将通过设备状态的稳定性及精度控制情况进行体现。准确、高效的维护操作,将有效地解决设备缺陷,以微量的资金投入获取最大的效益产出,切实、有效地提高生产质量和效率,缩短生产停工时间。

本任务以环球HELLER回流焊机保养为例进行介绍。

4.4.1   保养工具、材料及注意事项

机器维护保养时,常用的工具和材料包括无尘布、螺丝刀、扳手、高温润滑油、水平仪、真空吸尘器等,如图4.58所示。为保证安全,机器维护保养时,操作员要穿上保护服,并让设备停止运转。

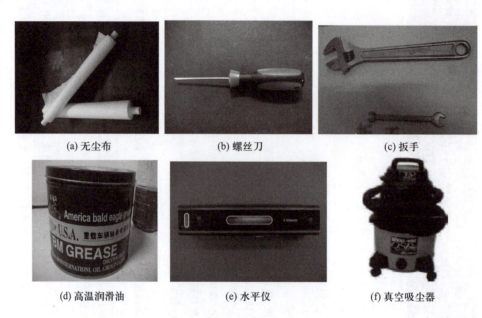

(a) 无尘布   (b) 螺丝刀   (c) 扳手

(d) 高温润滑油   (e) 水平仪   (f) 真空吸尘器

图4.58   部分保养工具与材料

4.4.2   回流焊机的日常检查与保养

回流焊机的日常检查与保养包括检修、清扫等初级维护。

日常检修与保养操作能及时确认回流焊机运行的状态,发现影响机器稳定工作的各种因素并实时处理,确保精度控制在受控范围内,保证回流焊机处于稳定运行状态,减少外部环境因素造成的影响。它包括日、周、月、年保养的内容。

日保养包括了日点检和日清洁的内容,具体内容见4.3.1节回流焊点检和4.3.2

节开机与设备检查。

回流焊机周、月、年保养的项目与内容如表 4.8 所示。

表 4.8　回流焊机周、月、年保养的项目与内容

保养类别	保养项目	清洁用品/工具	说明	保养说明
周保养	第五代过滤系统手动回收	计算机	执行回收程序	使 FULX 滴在收集盘中
	清洁上、下温区和网带	吸尘器、清洁剂	打开炉膛,用吸尘器清洁上、下温区孔、网带里的尘污,再用无尘布蘸取酒精进一步清洁	切勿使用易燃易爆的溶剂
	清洁密封带和轨道	无尘布、清洁剂	使用无尘布蘸取清洁剂清洁设备密封带和轨道内的沉积油脂	切勿使用易燃易爆的溶剂
	氧气分析仪过滤器更换	Filter	更换	打开氧气分析仪外盖,取出 Filter 更换新品
	清洁 UPS 电源表面	无尘布	拆开机壳后盖并清洁 UPS	关机后进行
	润滑运输导轨和链条	润滑油	油杯注入润滑油,油量至半杯,开机后通过输送软管自动润滑	不要使用溶剂、气枪清洁链条,防止链条腐蚀和碎片进入炉内,造成污染和电源短路
月保养	润滑前后方型轴杆	WD-40	润滑,除锈	
	检查轨道平行度	六角扳手、水平仪	水平仪检查轨道平行度。如果不平,用扳手调地脚找平	以 PCB 实测,必要时调整平行度
	排风管清洁	吸尘器、清洁剂、布	用吸尘器吸除排气口灰尘,用无尘布蘸取清洁剂,擦拭排气口并清洁排气口周围	切勿使用易燃易爆的溶剂,检查管壁是否有破损,必要时更换
	清洁 BLOWERS 及散热风扇	吸尘器	清洁	以吸尘器清洁 BLOWERS 及散热风扇
	前后导螺轴保养	3B、T&D	清洁润滑除锈	以 3B 清洁除锈,用 T&D 润滑

续表

保养类别	保养项目	清洁用品/工具	说明	保养说明
月保养	输送链条及齿轮保养	3B、高温润滑油	清洁润滑除锈	以 3B 清洁除锈,用高温润滑油润滑
	检查传动链轮		开启轨道传动链轮,检查其磨损情况	有磨损的情况,及时处理
半年保养	机器抽风量	测风仪	机器抽风量检查	以测风仪实测抽风量
	第五代过滤系统	一字起	检查收集盘是否有囤积 FLUX	依锡膏种类不同检查 FLUX 囤积量,必要时清洁收集盘
	UPS	电表	输出电压检查	以电表量测输出电压值,并将主电源关闭,测试 HOOD LIFT 与 CONVEYOR 运转正常
年度保养	轨道宽度调整驱动链条	3B,T&D	清洁润滑及除锈	以 3B 清洁链条并以 T&D 润滑
	氧气分析仪校正		送校正	

4.4.3　常见简易故障和排除方法

回流焊机的结构相对简单,故障率远低于印刷和贴片设备,维护手段主要为检测与调整,涉及少量部件更换。回流焊机常见简易故障和排除如表 4.9 所示。

表 4.9　回流焊机常见简易故障和排除

故障现象	故障检查排除
开机时没有电	1. 检测工厂的供电是否有问题。如图 4.59 所示,可以测量设备的进线电压是否与设备铭牌的标示相符。一般中国工业电的线电压为 AC 380 V,相电压为 AC 220 V 2. 检测电气控制板上的空气开关是否全部处于闭合状态 空气开关 Q26 功能:控制 220 V 变压器 空气开关 Q27 功能:控制吹风电动机 空气开关 Q28 功能:控制 UPS 的插座 空气开关 Q29 功能:控制 DC 24 V 电源 空气开关 Q30 功能:控制轨道调宽电动机和链条驱动电动机的驱动板 空气开关 Q31 功能:控制计算机的插座

续表

故障现象	故障检查排除
开机时没有电	空气开关 Q1~Q24 功能:控制每个加热区中的加热器 空气开关 Q25 功能:控制冷风区中的加热器 每个空气开关上有标签标识,如图 4.60 所示   　　　图 4.59　设备的进线　　　　　　　图 4.60　空气开关 　3. 检测安装在设备底座上的 UPS(备用电池)及计算机的电源是否接好,如图 4.61 和图 4.62 所示 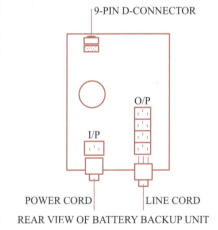  　　　图 4.61　UPS 的背面　　　　　图 4.62　计算机和显示器的插头
报警信息"与回流炉的通信中断"	1. 检测 Analogic 上的接线是否接好。图 4.63 所示的为 Analogic 的通信端口。图 4.64 的 J13 为通信端口 　2. 检测从回流炉到计算机上的通信线是否接好,或检测通信线是否完好,如图 4.65 所示 　3. 检测通信线是否接在计算机的 COM2 的端口上 　Windows 98 系统:通信端口默认为 COM2 　Windows XP 系统下:通信端口默认为 COM1 　4. 检测计算机的其他硬件端口设置是否与 COM1 或 COM2 冲突

续表

故障现象	故障检查排除
报警信息"与回流炉的通信中断"	 图 4.63　Analogic 的通信端口 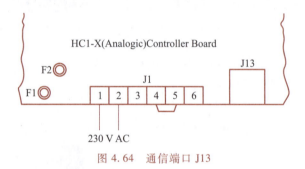 图 4.64　通信端口 J13 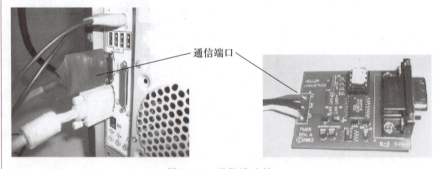 图 4.65　通信线连接
开机后计算机屏幕上出现 3 277 ℃ 的现象	检测 T/C 线是否无破损且连接完好。如图 4.66 和图 4.67 所示 图 4.66 为连接每个温区 T/C 线的接线端子,检测连接是否良好 图 4.67 为在各温区中温度的测试点,如果测试点断开,需更换热电偶

续表

故障现象	故障检查排除
开机后计算机屏幕上出现3 277 ℃的现象	图 4.66　T/C 线的接线端子　　图 4.67　各温区中温度的测试点
PCB 的冷却不良	1. 检测工厂的排风是否不够,加以改善 2. 检测冷风区助焊剂凝结是否较多,加以清洁
计算机显示不正常	查看计算机显示分辨率是否为:800×600,色彩:16 位真彩色以上
温度不稳定	1. 检测炉内是否助焊剂凝结较多,否则应该清洁 2. 检测每个区的吹风电动机是否运转正常
回流炉的计算机显示无法升温	1. 软件方面 　在计算机上选择"Channel Setup"菜单,确保报警隔离在 40 ℃。确保控制输出为"AUTO",如图 4.68 所示。 2. 硬件方面 　首先确认某个区是确实不升温,可能是 T/C 线短路或者吹风电动机有故障。打开上盖检测此温区电动机是否工作。如果没有,可能是吹风电动机有故障。如果电动机工作,则检测加热器。检测方法如下: 　(1) 检测控制电路板左下角的接触器(KM1)是否可以吸合。这个接触器是所有加热器的总开关。通常情况下在设备加载程序后,该接触器应该吸合,可以听到"哒"的一声响。 　(2) 如果上一步正常,请检测 Q1~Q24 的空气开关是否合上。如果无法闭合,检测加热器是否短路。正常情况下,380 V 加热器的电阻为 30 Ω 左右。 　注:说明一下 Q1~Q24 和温区的对应关系。如果是从左到右的机器,Q1 对应第一区的上温区,Q2 对应第一区的下温区,Q3 对应第二温区的上温区,依次类推。如果是从右到左的机器,Q1 对应最后一个温区的上温区,Q2 对应最后一个温区的下温区,依次类推。 　(3) 如果以上都没有问题,接下来可以检测 SSR(固态继电器)是否正常。方法是: 　① 运行一个加热程序。 　② 用手动方法将怀疑有问题的温区功率输出设置为 100%,如图 4.69 所示。

续表

故障现象	故障检查排除

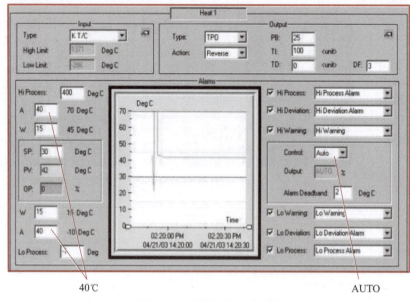

40℃   AUTO

图 4.68   报警参数设置界面

回流炉
的计算机
显示无法
升温

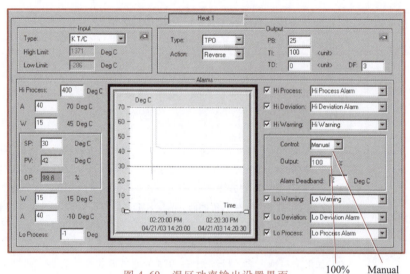

图 4.69   温区功率输出设置界面   100%   Manual

③ 用万用表检测 SSR 的 3 和 4 两端的电压。如果万用表没有电压显示,检测 SSR 连接到 Analogic 的线,如果是好的,可能是 Analogic 坏了,考虑更换。如果是直流 4.5~5 V。表示 SSR 接收到一个开启某个温区的信号。将万用表的量程拨到高压交流挡,再测量 SSR 的 1 和 2 两端的电压输出,如果显示为 380 V 左右(机器的输入电压)。表示 SSR 不导通,可能是 SSR 损坏。如果显示电压为 0 V 左右,SSR 应该是正常的。测量方法如图 4.70 所示(SSR 的位置在控制电气控制板的中部)。

续表

故障现象	故障检查排除
回流炉的计算机显示无法升温	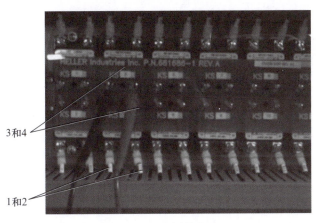 3和4 1和2 图 4.70 SSR 测量方法
吹风电动机有噪声	当用力压该电动机,噪声会改变,可能是电动机的叶轮不平行,将电动机拆除,调整叶轮。如图 4.71 和图 4.72 所示。   图 4.71 吹风电动机　　　图 4.72 电动机叶轮

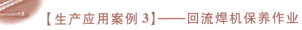

【生产应用案例 3】——回流焊机保养作业

回流焊机保养作业指导书如表 4.10 所示。

表 4.10　回流焊保养作业指导书

文件编号				回流焊机保养作业指导书				
适用工程	回流焊接工程		版次	A/O		制作		
适用产品	全型号产品		页码	1/1		审核		
周期			实施日期			批准		

	NO.	保养项目	保养方法	保养基准	保养用具
月保养	1	润滑各轴承	先用抹布擦去旧油,再重新加入润滑油	脏油除净,新油润滑均匀	抹布、高温润滑油
	2	润滑链条和轨道	用毛笔蘸适量高温润滑油对链条加油	脏油除净,新油润滑均匀	毛笔、高温润滑油
	3	检查前、中、后的平行度	将水平仪放置于轨道的前、中、后各端,检查其水平度	水平度一致	水平仪
	4	清洁排气管	将排风管拆下,用清洁剂清除助焊剂、污物	清洁、无污物残留	工业酒精、威猛先生清洁剂
	5	清洁所有风扇、吹风电动机	用吸尘器把各风扇及吹风电动机内的灰尘吸干净	清洁、无污物残留	吸尘器
	6	清洗丝杠里的尘污、碎屑并加润滑油	用抹布和清洗液把丝杠里的污油清除,并重新加上润滑油	脏油除净,新油润滑均匀	抹布、清洗液、高温润滑油
	7	清洁传动链轮里的尘污	用抹布和清洗液把链轮里的尘污清除,再重新加上润滑油		抹布、清洗液、高温润滑油
	8	清洁机器内部和轨道的沉积油脂	用抹布浸清洗液把油污擦洗干净	清洁、无污物残留	抹布、清洗液、猛威先生清洁剂
	9	检查清洁 UPS	检查 UPS 功能是否 OK,并且用抹布把上面的灰尘擦净	运行正常、表面清洁	抹布
	10	检查轨道传动链轮的磨损情况	目视检查轨道传动链轮的磨损情况,发现不良位置及时修理		
季度保养	1	清洁 GRS(仅适用 MR933)	将 GRS 冷却风扇拆下,用工业酒精清洗干净	清洁	工业酒精

重点管理事项	保养时注意切断电源		使用工具及设备	吸尘器、毛笔、抹布、工业酒精、高温润滑油、钢丝刷、水平仪
软件变更记录	版次	变更日	变更内容	
支持性文件	《设备保养记录表》		变更记录	

拓展链接
常见回流焊

本章小结

本章主要介绍了回流焊的基本知识、典型回流焊机美国 HELLER 系列认知、回流焊机的操作、温度曲线设置及回流焊机维护等内容。

回流焊机是一种提供加热环境,使预先分配到印制电路板焊盘上的膏状软钎焊料重新熔化,再次流动浸润,从而让表面贴装的元器件和 PCB 焊盘通过锡膏合金可靠地结合在一起的焊接设备。

根据加热方式不同,回流焊分为汽相回流焊、热传导回流焊、红外回流焊、红外加热风回流焊、全热风回流焊、激光回流焊及聚焦红外回流焊等。目前比较流行和使用的大多是远红外回流焊、红外加热风回流焊和全热风强制对流回流焊。

回流焊机主要由加热系统、传动系统、顶盖升起系统、冷却系统、氮气装备、抽风系统、助焊剂回收系统、控制系统等组成。主要技术参数包括加热区数量、加热区长度、温度控制范围、PCB 最小/最大宽度、运输导轨调宽范围、传送带速度、正常工作消耗功率等。

回流焊机操作根据回流焊操作作业指导书进行,操作流程一般为回流焊点检、开机与设备检查、温度曲线设置(回流焊编程)、首板焊接与确认、批量生产与检查、关机与日清洁。

回流焊机维护包括日常检查与保养、常见故障和排除等。具体根据回流炉故障排除与维护指南、回流炉保养手册等执行。

仿真训练

1. 仿真训练:回流焊机结构识别
2. 仿真训练:回流焊机操作
3. 仿真训练:回流焊机编程
4. 仿真训练:回流焊机保养

实践训练

回流焊上机实操训练:
1. 回流焊机操作
2. 回流焊机编程
3. 回流焊机保养

第 **5** 章

检测设备的操作与维护

学习目标

　　随着 SMT 的发展和 SMA 组装密度的提高，SMT 产品的质量控制越来越重要，相应的检测技术和检测方法也不断发展。本章主要介绍常见检测方法的分类、检测设备的功能、结构和工作原理，以及主要检测设备的操作调试方法与日常维护。

学习完本章后，你将能够：
- 了解 AOI 的结构、功能与工作原理
- 掌握 AOI 操作与保养方法，能够进行 AOI 的操作与保养
- 熟悉 AOI 软件体系、程序编制的基本流程、编程参数设置与调整方法，能够进行 AOI 的参数设置与调整
- 了解 X-ray 的结构、功能与工作原理
- 掌握 X-ray 操作方法，能够进行 AOI 的操作
- 掌握 AOI 与 X-ray 操作、保养作业指导书编制与作业要领

任务 5.1   检测方法认知

目前应用在电子组装工业中的检测方法主要有目视检查(Visual Inspection)和电气测试(Electrical Test)两种。其中,目视检查已经从人工目测发展到自动光学检测(Automated Optical Inspection, AOI)、自动 X 射线检测(Automatic X-ray Inspection, AXI);电气测试则可分为在线测试和功能测试两大类。

1. 人工目视检验

人工目视检验是指直接利用肉眼或借助放大镜、显微镜等简单的光学放大系统对组装质量进行检测的方法。检验的内容包括印制电路板质量、锡膏印刷质量、贴片质量、焊点质量和组件表面质量等。

人工目视检验,其缺点是检测范围有限,只能检查器件漏装、方向极性、型号正误、桥连以及部分虚焊等可视外观缺陷情况,且检测速度慢,检测精度有限,检查结果重现性差。在处理 0603、0402 和细间距芯片时,人工目检更加困难,特别是当 BGA 器件大量采用时,对其焊接质量的检查,人工目检几乎无能为力。但由于其检测方便、成本低,在 SMA 组件的常规检测中仍被广泛应用。

2. 自动光学检测(AOI)

自动光学检测(AOI,可泛指自动光学检测技术或自动光学检查设备)是通过 CCD 照相的方式获得器或 PCB 的图像,然后经过计算机的处理和分析比较来判断缺陷和故障,主要用于线路板组件的外观检测。

自动光学检测的优点是检测速度快,编程时间较短,可以放到生产线中的不同位置,便于及时发现故障和缺陷,使生产、检测合二为一,可缩短发现故障和缺陷时间,及时找出故障和缺陷的成因。其检测稳定、检测结果重现性好而可靠,可提供检测数据分析和实时制程信息反馈,检查效率高,投入成本适中。因此,它是目前采用得比较多的一种检测手段。但 AOI 系统也存在不足,如不能检测电路错误,同时对不可见焊点的检测也无能为力。

3. 自动 X 射线检测认知(AXI)

自动 X 射线检测技术是由计算机图像识别系统对微焦 X 射线透过 SMT 组件所得的焊点图像,经过灰度处理来判别各种缺陷的技术。最新的(3D)X 射线检测技术除了可以检验双面贴装线路板外,还可对那些不可见焊点如 BGA 等进行多层图像"切片"检测,即对 BGA 焊接连接处的顶部、中部和底部进行彻底检验。同时利用此方法还可检测通孔焊点,检查通孔中焊料是否充实,从而极大地提高焊点连接质量。

其特点是:可以检查隐藏的焊点,可分析焊点内部的均匀性,但检查效率一般,投入成本较高。

4. 在线测试(ICT)

在线测试(In-Circuit Test,ICT) ,是通过对在线元器件的电性能及电气连接进行测试来检查生产制造缺陷及元器件不良的一种标准测试手段。它主要检查在线的单个元器件以及各电路网络的开、短路情况,具有操作简单、快捷迅速、故障定位准确等优点。

在线测试有针床式在线测试和飞针式在线测试两种方式。针床式在线测试可进行模拟元器件功能测试和数字元器件逻辑功能测试；飞针式在线测试是一种机器检查方式。它是以两根探针对元器件加电的方法来实现检测，能够检测元器件失效、元器件性能不良等缺陷，基本只进行静态的测试。

ICT 针床测试的优点是故障覆盖率高，测试速度快，适合于单一品种大批量的产品。其缺点主要表现为：需要专门设计测试点和制作专用测试夹具，制作和程序开发周期长，价格贵，编程时间长；元器件小型化造成测试困难和测试不准确；PCB 进行设计更改后，原测试模具将无法使用。

飞针测试优点是不需制作夹具，程序开发时间短，对插装 PCB 和采用 0805 以上尺寸元器件贴装密度不高的 PCB 比较适用。对于 0402 级的元器件，由于焊点的面积较小，探针无法准确连接。特别是高密度的消费类电子产品，探针会无法接触到焊点。此外，其对采用并联电容、电阻等电连接方式的 PCB 也不能准确测量。所以，随着产品的高密度化和元器件的小型化，飞针测试在实际检测工作中的使用量也越来越少。

5. 功能测试

ICT 能够有效地查找在 SMT 组装过程中发生的各种缺陷和故障，但是它不能够评估整个线路板所组成的系统在时钟速度下的性能。而功能测试就可以测试整个系统是否能够实现设计目标，它将线路板上的被测单元作为一个功能体，对其提供输入信号，按照功能体的设计要求检测输出信号。这种测试是为了确保线路板能否按照设计要求正常工作。所以功能测试最简单的方法，是将组装好的某电子设备上的专用线路板连接到该设备的适当电路上，然后加电压，如果设备正常工作，就表明线路板合格。这种方法简单、投资少，但不能自动诊断故障。

上述五种测试方法中，AOI 测试和 X-ray 测试采用了通用设备，本章主要对这两类检测设备的操作与维护进行介绍。

教学课件
任务 5.2

任务 5.2 AOI 设备认知

5.2.1 AOI 设备分类

AOI 设备一般可分为在线式（在生产线中）和桌面式两大类，而根据在生产线上的位置不同，AOI 设备通常又可分为三种：第一种是放在锡膏印刷之后的主要检测锡膏质量的 AOI 设备；第二种是放在贴片后检测元器件贴装质量的 AOI 设备；第三种是放在回流焊后可同时检测元器件贴装质量和焊接质量的 AOI 设备。图 5.1 是 AOI 设备在生产线中不同位置的检测示意图。

根据摄像机位置的不同，AOI 设备可分为纯粹垂直式相机和倾斜式相机 AOI 设备。根据 AOI 设备使用光源情况的不同又分为两种：一种是使用彩色镜头的机器，光源一般使用红、绿、蓝三色，计算机处理的是色比；第二种是使用黑白镜头的机器，光源一般使用单色，计算机处理的是辉度比。

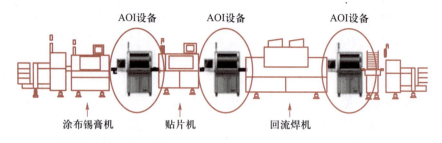

图 5.1   AOI 设备在生产线中不同位置的检测示意图

5.2.2   AOI 设备的基本组成

AOI 设备一般由以下几部分构成:CCD 摄像系统、机电控制系统、软件系统和操作平台。其中 CCD 摄像系统包括照明单元、图像获取单元,主要执行图像采集功能;机电控制系统主要是将所检测的物体传送到指定检测点的功能;软件系统主要是将所采集的图像进行分析和处理的功能;操作平台用来人机交互。

5.2.3   AOI 设备的工作原理

微课
AOI 设备的工作
原理

SMT 中应用 AOI 设备品种较多,但其基本原理相同。AOI 设备的基本工作原理是通过光源对 PCB 进行照射,用光学镜头将 PCB 的反射光采集进计算机,通过计算机软件对包含 PCB 信息的色彩差异或辉度比进行分析处理,从而判断 PCB 上锡膏印刷、元器件放置、焊点焊接质量情况。图 5.2 所示为 AOI 设备的检测基本原理图。

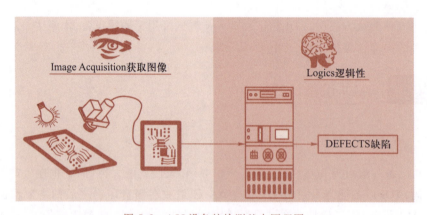

图 5.2   AOI 设备的检测基本原理图

现在的 AOI 系统采用了高级的视觉系统、新型的给光方式、增加的放大倍数和复杂的算法,从而能够以高测试速度获得高缺陷捕捉率。

目前常见的 AOI 设备品牌有:OMRON(日本)、SAMSUNG(韩国)、ALEADER(中国)、Agilent(美国)、Teradyne(美国)、MVP(美国)、SAKI(日本)、TRI(中国)、JVC(日本)、LaserVision(德国)、SONY(日本)、PANASONIC(日本)、CYCLONE(日本)、VISCOM(德国)、CyberOptics(美国)、Testronics(美国)、FLEXTRONICS

（奥地利）、O-TEK（中国）、EIRITSU（日本）等。部分品牌 AOI 设备外观如图 5.3
所示。

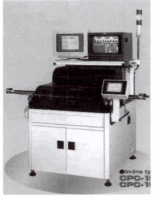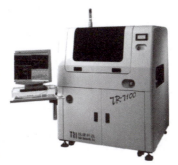

图 5.3　部分品牌 AOI 设备外观

日本 OMRON 公司 VT 系列 AOI 产品目前主要有 VT-WIN II 系列、VT-RNS 在线
系列和 VT-RNS-ptH 桌面系列，VT-RNS 采用红、绿、蓝三色光，这三种光有高低顺序，
红光在最上面，绿光在中间，蓝光在下面，如图 5.4 所示。因为光的颜色不一样，在测
焊点时，光的颜色就相当于焊点的高度，因此，这种设计很适合于测试元器件的焊点。
测试元器件时，把元器件分成几个类，不同类的元器件测试的内容也不一样，每一类元
器件，加几个框，由于检测框制作也很方便，这样检测速度很快。

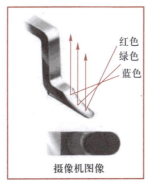

红色
绿色
蓝色

摄像机图像

图 5.4　OMRON-VT 系列 AOI 设备检测示意图

5.2.4　AOI 设备的检测功能

AOI 设备在 SMT 生产中可放置在印刷后、焊前、焊后不同位置。

① AOI 设备放置在印刷机后，可对锡膏的印刷质量作工序检测。可检测锡膏量过
多、过少，锡膏图形的位置有无偏移，锡膏图形之间有无粘连等。

② AOI 设备放置在贴片机后、焊接前,可对贴片质量作工序检测。可检测元器件贴错、元器件移位、元器件贴反(如电阻翻面)、元器件侧立、元器件丢失、极性错误以及贴片压力过大造成锡膏图形之间粘连等缺陷。

③ AOI 设备放置在再流焊炉后,可作贴片质量和焊接质量检测。可检测元器件贴错、元器件移位、元器件贴反(如电阻翻面)、元器件丢失、极性错误、焊点润湿度、焊锡量过多、焊锡量过少、漏焊、虚焊、桥接、焊球(引脚之间的焊球)、元器件翘起(立碑)等焊接缺陷。

一般来讲,AOI 设备主要放在印刷机后面和回焊炉后面。因为在贴片机后面的测试项目同时也可以在回焊炉后面的 AOI 设备测试。

任务 5.3　AOI 设备编程

教学课件 任务 5.3

本任务以 SAMSUNG(三星)VCTA-A486 型 AOI 检测仪为例,介绍 AOI 程序编制的基本流程、参数具体设置及设备操作。

AOI 程序编制根据 SMT 程序管理作业指导书进行,其工艺流程图如图 5.5 所示。

图 5.5　AOI 程序编制工艺流程图

5.3.1　调整 PCB 的固定治具

令 X/Y 平台回到加载位置,用手松动固定 PCB 压扣上的固定螺母,调整活动边夹条,使 PCB 可以放到位置固定而不晃动(注意元器件高度不得超过 30 mm)。

注意

在测试稳定后突然出现误判多时,主要原因可能是 PCB 未固定好,可通过 MARK 点校正来观察 MARK 位置及组件框是否偏位,从而排除故障。

5.3.2　新建一个程序

1. 界面功能介绍

执行桌面应用程序后,出现如图 5.6 所示程序界面。界面简要介绍如下。

模式设置,用于转换当前的测试模式,调试学习模式或者正常测试模式;

MARK 校正,进行手动 MARK 校正;

循环测试模式,一般为展示用;

单步镜头拍摄,单击一次镜头按照系统优化的路径拍摄一次;

菜单栏　　　　　　　　工具栏　　　　　　　缩略图窗口

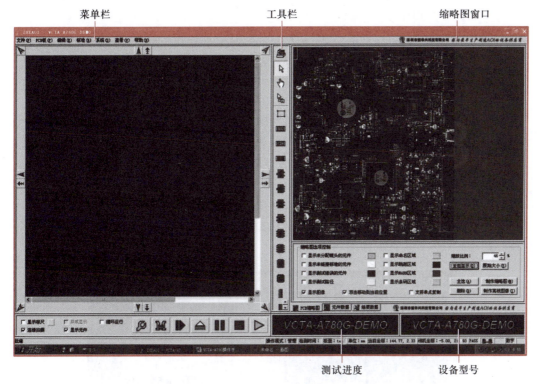

测试进度　　　　　　设备型号

图 5.6　应用程序界面

加载,单击托盘和镜头都回到初始位置;

暂停,单击设备暂停运动;

停止,单击设备停止运动并回到加载位置;

测试,同设备左侧罩上的测试按钮,单击设备进行测试。

2. 操作模式的切换

本 AOI 应用程序分三种应用模式:操作模式、编辑模式和管理模式。

(1) 模式之间的相互关系

操作模式:只能进行测试操作,调出已有的程序,不可对程序做任何修改,供操作员用。

编辑模式:包含操作模式的所有功能,能新建和调试程序,可以对已有程序进行修改调节。供工程师或技术员编程用。

管理模式:具备所有编辑模式的功能,并可以进行 AOI 应用程序的系统进行设定,包括镜头标定、定义软件限位、相机高度调节和光源亮度调节等。供 AOI 用户的管理员用。

(2) 模式间的切换

系统默认为操作状态,单击菜单命令"系统/切换测试模式",选择需要进入的模式,输入密码(初始密码为 000000),确定后即进入所选择的模式,同时窗口下方状态栏显示现在的操作模式。

3. 新建一个程序

单击菜单命令"文件/新建程序",将出现提示框,选择确定,输入程序名称(一般为测试的机种名称),选择测试面。

5.3.3　设定 PCB 原点

定义 PCB 计算起点(即坐标原点)。坐标原点是组件坐标的基准点,一般 PCB 左下角设为坐标原点,机器是以坐标原点的位置来寻找组件位置的,坐标原点的坐标是相对于机器原点的。

计算起点的设定:将十字架移动到 PCB 的左下角,使十字架中心对准 PCB 的左下角(注意:观察十字外围是否还有元器件,原则上是要将所有元器件都包括在十字坐标的右上区域内),单击"当前位置",则计算机会自动计算出当前十字架位置的相对坐标值。计算起点的设定界面如图 5.7 所示。

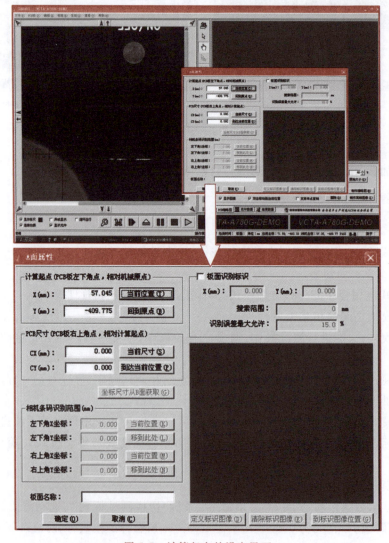

图 5.7　计算起点的设定界面

5.3.4　设定 PCB 长度

同理,将十字架移动到 PCB 的右上角,使十字架中心对准 PCB 的右上角,单击"PCB 尺寸"栏的"当前尺寸",计算机会根据事先设定好的计算起点和 PCB 右上角之间的坐标差计算出 PCB 的尺寸,即我们所需要检测的范围。计算 PCB 尺寸的设定界面如图 5.8 所示。

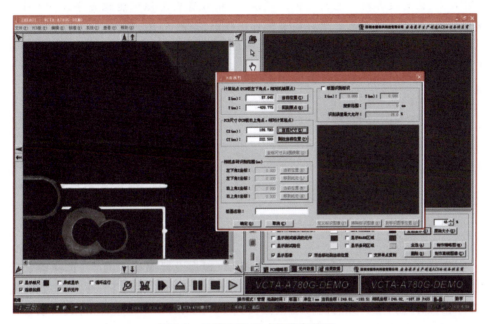

图 5.8　计算 PCB 尺寸的设定界面

单击确定,即有提示"现在创建 PCB 缩略图吗",转入下一步 5.3.5 节的操作。

5.3.5　创建 PCB 缩略图

缩略图是当前测试的 PCB 的缩小图像,便于全局观察、显示错误位置及进行其他相关操作。同时,如果要镜头移动到某一位置,只需要双击缩略图上的相应位置即可。

制作方法:在完成新建程序菜单栏的操作后,单击确定,系统会自动提示"现在创建 PCB 缩略图吗",单击"确定",系统则会根据所设定的 PCB 计算起点及尺寸来扫描 PCB 的缩略图,或者直接单击主窗口的"制作 PCB 缩略图"。制作 PCB 缩略图如图 5.9 所示。

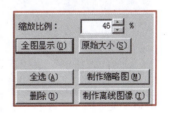

图 5.9　制作 PCB 缩略图的界面

为了能让缩略图完整地显示 PCB,可以选择适当地缩小比例,一般以缩略图窗口能显示整个 PCB 的图像为宜,单击"全图"可以根据窗口屏幕大小自动伸缩 PCB 缩略图,使缩略图达到最佳的显示效果。

5.3.6　定义对角 MARK 点

一般在 PCB 的对角位置选择两个容易识别的点作为 MARK 点,可以是 PCB 上本身存在的 MARK 点,也可以选择板上的位置固定的孔位作为 MARK 点。

注意

1. 由于 PCB 上的 MARK 点经常有氧化的现象,尽量以上面的孔位来作为 MARK 点,因为设备对颜色的变化比较敏感,稍微有点变化可能就会导致 MARK 点识别错误,而孔位的色彩变化一般变化都比较小,如图 5.10 所示。

2. 设置 MARK 点时,也不要选择临近位置有类似图像的点,以免搜索错误导致定位框全部偏位,如图 5.11 所示。

图 5.10 以孔位作为 MARK 点

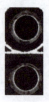

图 5.11 临近位置有类似 MARK 点

在完成缩略图的制作后,系统会自动提示"现在设置 MARK 点?",选择确定后摄像头会自动移动到检测区域的左下角(一般 MARK 点都是在左下一右上这个区域),可以单击操作窗口上的方向键移动摄像头到 PCB 上的 MARK 点所在位置,或直接单击缩略图上的相应位置。如图 5.12 所示,此时主窗口界面上将出现一 MARK 点定位框和 MARK 点信息设置框。

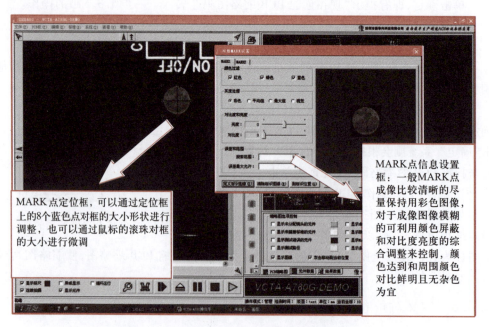

图 5.12 MARK 点设置对话框

注意

　　当在测试过程中发现有板通过不了 MARK 点校正时,观察一下原因,如果是 MARK 点定位框位置是正确的,只是误差值过大通过不了,可以适当调整 MARK 点误差范围,使 MARK 点校正通过,注意 MARK 点误差范围最大不可超过 20%;如果是 MARK 点定位框位置错误,即搜寻不到正确的 MARK 点位置时,可以适当地调整 MARK 点的搜索范围,最大不可超过 5 mm。

5.3.7　制作程序检测框

　　程序的检测框是 AOI 系统识别检测区域的唯一标准,系统只检测带有检测框的区域,没有检测框的区域将不会检测。

　　在应用程序主界面的工具栏中,提供了制作程序检测框的图标,其含义如表 5.1 所示。

表 5.1　制作程序检测框的图标与描述

序号	图示	描述	序号	图示	描述	序号	图示	描述
1	[C24]	CHIP 电容	6		左右对称的四脚元器件	11		QFP 形式的 IC (能够完整显示)
2	[R02]	CHIP 电阻	7		不对称的五脚元器件	12		
3		CHIP 极性元器件	8		对称的六脚元器件	13		用于制作不能在一个屏幕显示出来的 IC
4		三极管	9		对称的八脚元器件	14		
5		一边为单脚的四脚元器件	10		SOP 形式的 IC (能够完整显示)	15		

5.3.8　各类型元器件检测项目

　　各类型元器件检测项目一览表如表 5.2 所示。

表 5.2　各类型元器件检测项目一览表

	项目	权值图像	相似性	颜色提取	二值化	OCR	极性检测	定位检测
电阻（Chip）	本体		√				√	√
	丝印	√				√	√	√
	焊盘	√		√			√	√
电容	本体		√					√
	焊盘	√		√				√
二极管	本体		√				√	√
	极性	√					√	√
	焊盘			√			√	√
三极管	本体		√				√	√
	丝印	√				√	√	√
	焊盘			√			√	√
IC	本体		√				√	√
	丝印	√				√	√	√
	管脚				√		√	√

各项目含义如下。

1. 权值图像

权值成像数据差异分析系统是通过对一幅 BMP 图片栅格化,分析各个像素颜色分布的位置坐标、成像栅格之间(色彩)过渡关系等成像细节,列出若干个函数式,再通过对相同面积大小的若干幅相似图片进行数据提取,并分析计算,将计算结果按软件设定的权值关系,及最初 BMP 图像像素色彩、坐标进行还原,形成一个虚拟的、权值的数字图像,我们将其简称为"权值图像"。其主要数字信息涵盖了图像的图形轮廓、色彩的分布、允许变化的权值关系等。

2. 相似性

在一幅二维图像中,对应的坐标和像素的颜色是图像的最基本信息,在两个相似的图片中,其相对应坐标中像素的颜色信息有一定的相似度,如将整个图像进行分析,对比每个像素点的颜色和坐标信息,能得出坐标和像素颜色相似的百分比即为相似度。

① 图 5.13 中,坐标位置相同,相同坐标位置的颜色只有 10% 不同,相似度为 90%。

② 图 5.14 中,坐标位置相同,但在相同坐标位置颜色有 30% 不同,相似度为 70%。

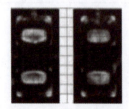

图 5.13　相似度为 90%

图 5.14　相似度为 70%

AOI 对截取的元器件图像与标准的元器件图像进行对应坐标像素的颜色比较,通过软件统计计算相似度,如相似度在预先设定的范围内即为 OK,反之 NG。相似性分析编程和调试十分简单,在制定一个标准图像后,通过试测 1~2 个相似的图像得出的相似度来设定相似度的阈值即可。

3. 颜色提取

任何颜色均可用红、绿、蓝三基色按照一定的比例混合而成。红绿蓝形成一个三维颜色立方。颜色提取就是在这个颜色立方体中裁取一个我们需要的小颜色方体,即对应我们需要选取颜色的范围,然后计算所检测的图像中满足在该方体内颜色占整个图像颜色数的比例是否满足我们需要的设定范围。在以红绿蓝三色光照情况下该方法最适合对电阻电容等焊锡的检测。

4. 二值化原理(IC 桥接)

将目标图像按照一定的方式转化为灰度图像,然后选取一定的亮度阈值进行图像处理,低于阈值的直接转变成黑色,高于阈值的直接转变成白色。这样使得我们关心的区域如字符、IC 短路等直接从原图像中分离。

IC 桥接是针对 IC 短路的专用检测方法,编程和调试十分简单。IC 引脚通过光源照射后,引脚和焊锡为金属成分具有较好的反光性,而引脚之间正常情况下没有金属成分(没有焊锡),反光性较差,通过软件将图像二值化处理后(黑白处理),引脚焊锡因为较好的反光从而亮度较大呈现为白色,引脚之间因较差的反光从而亮度较小呈现为黑色(两者可反向处理)。如果引脚之间出现短路(桥接),则引脚之间短路的焊锡同样因为较好的反光性呈现白色,故软件很容易就能判断是否短路。IC 桥接二值化原理如图 5.15 所示。

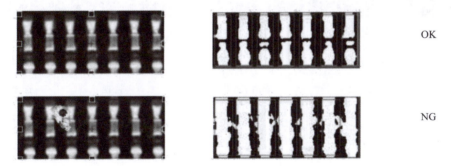

OK

NG

图 5.15　IC 桥接二值化原理

5. OCR(文字识别)

OCR 的整个过程包括图像提取,然后将图像进行二值化处理,处理后将得到的字符进行分割,再将分割后的字符进行识别,再与字库进行对比得出识别结果。文字识别过程如图 5.16 所示。

AOI 不是万能的,它也有难检测和不可检测的元器件,AOI 技术人员应该针对每个型号制作相应的 AOI 盲点图,这样 AOI 检查人员和炉后总检就可以根据 AOI 盲点图来重点查看 AOI 难检测和不可检测的元器件。当然技术人员对 AOI 检查人员的培训也要到位,AOI 程序做得再好,检查人员技能不过关也是不行的,这也是我们工程上有很

将IC上的字符进行识别处理

图 5.16　文字识别过程

多不良虽然可以检出,但还是流到了后工程的主要原因。

教学课件
任务 5.4

任务 5.4　AOI 设备操作

AOI 设备操作根据 AOI 操作作业指导书进行,其工艺流程如图 5.17 所示。

```
AOI设备点检 → 开机并检查 → 测试 → 结束 → 关机 → 日清洁
```
图 5.17　AOI 操作的基本流程

微课
AOI 设备操作

5.4.1　AOI 设备点检

每天开机前,要对设备进行点检。检查设备外部、内部检测区、传送轨道,保证其清洁、无异物、无掉落的部件。日点检内容如表 5.3 所示。

表 5.3　AOI 日点检内容项目表

序号	点检项目	点检标准	点检方法	点检时间
1	设备外部	清洁、无异物	目视	每天
2	内部检测区	清洁、无异物	目视	起动前
3	传送轨道	清洁、无异物	目视	起动前
4	显示器	清洁	目视	起动前
5	急停按钮	正常动作	手动	起动前
6	操作按钮	正常动作	手动	起动前
7	PCB 夹紧装置	无磨损、变形	手动	起动前

5.4.2　开机并检查

1. 开机

打开 AOI 设备总电源,旋出急停按钮,自动起动 AOI 系统。

2. 加载程序

单击 PC 桌面的 AOI 设备图标,设备开始加载执行程序。在应用程序主界面中设置当前模式为"编辑模式",调出需要检测产品的检测程序。

3. 调整 PCB 夹紧装置

将已经准备好的将要测试的产品样品板放入 PCB 夹紧装置,将轨道宽度及长度锁紧装置调整好,保证产品能够灵活的安装取放。

4. 检查传送轨道和 PCB 夹紧装置

单击 MARK 点校正按钮,在设备查找 MARK 点过程中观察传送轨道和 PCB 夹紧装置运行情况,保证传送轨道润滑、运行状态良好。

5. 检查急停按钮、操作按钮

在样品板测试过程中,按下急停按钮、测试(START)、暂停(PAUSE)和加载(RESTART)三个操作按钮,观察设备运行情况,保证按钮正常动作。

6. 检查程序参数

在操作模式界面中,选择程序编辑中的编辑标准图库命令,选择元器件列表中的每个元器件,检查对应参数应符合设定标准。如:误差范围不超过 0.25 nm,元器件无遗漏,印字符清晰、不模糊等。

5.4.3　测试

印制电路板进入测试区后,按"测试(START)"按钮,开始测试。AOI 设备通过摄像机抓取待测元器件图像,与存储的标准图像测试比对,从而判断元器件是否 OK。测试完成后,测试结果将出现在屏幕上。

发现不良点后,操作人员对照屏幕显示的不良点,找到产品上的对应点,确认实际产品是否为不合格。由于焊接质量及反光程度等因素造成印制电路板与标准图像的不同,使得 AOI 很容易误判,需要通过目视进行确认。

若测试为不合格产品,在不良点上粘贴不良标签,标明不合格内容,放入不合格品托盘,送返修站返修。若为测试合格板则放入合格产品区域。

5.4.4　关机并清洁

全部产品测试完毕后,退出测试程序,退出时系统会提示是否要保存文件,选择"Yes"后,退出应用程序,然后按正常程序关闭计算机,按下急停,关闭设备总电源。

关机后,利用无尘纸、吸尘器等对设备内外部进行清扫,整理操作台面上的检查文档,以保证设备的整洁。

【生产应用案例 1】——AOI 操作作业

AOI 操作作业指导书如表 5.4 所示。

【生产应用案例 2】——AOI(程序管理)作业

AOI(程序管理)作业指导书如表 5.5 所示。

表5.4 AOI操作作业指导书

作业指导书	AOI操作作业指导书	工程名	全型号产品	产品名	检测工程
作业名	检查结果画面			制作日期	文件编号

作业流程

① 单击PC桌面的AOI图标执行程序。
② 设备开始加载程序。
③ 将当前模式设置为"编辑模式"。
④ 选择将要检查的产品型号,后单击确认打开型号。
⑤ 把PCB放在支撑上利用检查按钮"START"开始检查,需中止测试时按"STOP",需重新测试按"RESTART"。
AOI检查结果判定合格品"GOOD"时继续进行检查。

不良图像所在窗口显示

332 332 563 R5075 R5002

不良位置　不良图像　正常图像

检测完毕　563

比较正常形象和不良形象后在所有形象里找不良点。
必须用肉眼确认检查结果形象和实际形象。
※发生不良现象时在检查日报上记录,放在不良品托盘里另作处理。

使用配件

编号	配件名称	配件型号	全型号	数量
1	PCB			

使用工具及检测仪

编号	工具名	规格	数量
1	AOI	ALD-H-350BL	1

软件版本变更记录

编号	内容	日期
1		
2		

不良现象记录

编号	日期	内容
1		
2		

重点管理事项

制作部门	制作	检讨	批准

表 5.5　AOI(程序管理)作业指导书

文件编号		AOI(程序管理)作业指导书			制作	审核	批准
适用工程	AOI ICT	版次	A/O	页码			
适用产品	全型号产品				实施日期		

1. 新程序管理

(1) 编写新程序

按照相应机型分别编制各机型程序。

编制步骤为:

① 设定 PCB 原点。

② 设定 PCB 长度信息,将 PCB 图面扫描到设备中。

③ 设定 MARK 点:MARK 点位置,MARK 点亮度,识别方式等。

④ 编制元器件标准。

⑤ PCB 上所有部件链接到相应元器件标准上。

⑥ 优化路径

(2) 程序调试

① 对程序进行学习,完善元器件标准的内容。

② 在线调试,在保证检出率的同时使假性不良现象降到最低。

(3) 备份程序

程序能够满足生产最佳需求,将新品程序做备份管理。

2. 程序日常调试及变更

(1) 针对生产过程中出现的物料颜色、尺寸、丝印字符形状及颜色等项目变化而导致程序假性不良现象偏多的情况进行调试,完善程序标准,使标准多元化,从而满足操作人员检查的需要

(2) 由于测试的局限性,要针对 AOI 测试漏检的不良点及时调试

(3) PCB 信息、贴装信息等发生变化时对程序做相应修改。调整完毕对程序做备份管理

3. ICT 程序

(1) ICT 新产品程序由针床厂家提供

(2) 针对因设备软硬件、物料属性导致的假性不良现象及时调试

(3) 每月对所有程序做备份

(4) PCB 信息、插件信息等发生变化时对程序进行修改调整。调整完毕对程序做备份管理

重点管理事项	使用工具及设备	支持性文件	变更记录
按照管理要求对程序进行管理	AOI ICT		

软件版本变更记录		
版次	变更日	变更内容

任务 5.5　AOI 设备维护

AOI 设备维护根据 AOI 保养作业指导书进行，其保养分为日点检与清洁、月保养、半年保养，保养作业指导书如表 5.6 所示。

表 5.6　AOI 保养作业指导书

文件编号		AOI 保养作业指导书					制作	审核	批准
适用工程	检查								
适用产品	全型号产品	版次	A/O	页码	I/I	实施日期			
周期	NO.	保养项目	保养方法			保养基准		保养用具	
月保养	1	设备清洁	用吸尘器、抹布全面清理设备各部位的尘屑			清洁、无杂物		吸尘器、抹布	
	2	X 轴、Y 轴、相机、调宽、等部位的丝杠、导轨清洁并润滑	1. 用布擦除丝杠、导轨上的旧油 2. 用油枪向油嘴内注油，直到新油溢出为止 3. 用手向丝杠、导轨上涂抹新油			涂敷均匀，油量合适		OKS422 润滑油、布、OKS422 润滑油	
	3	清洁相机	用擦拭纸轻轻擦去表面灰尘			清洁、发光亮度良好		擦拭纸	
	4	I/O 箱	打开 I/O 箱，用吸尘器吸掉灰尘和杂物			清洁		吸尘器	
	5	传动带检查及轴心润滑	1. 检查各传动带张力，拆卸后检查有无断裂、破损 2. 用 WD-40 润滑轴承轴心			有不良现象时更换，转动自如		WD-40 防锈剂	
半年保养	1	校正相机光源亮度	1. 打开机器后盖，将 RGB 调光旋钮解锁 2. 将调光板放到检测区 3. 选择菜单【系统设置】⇒【光源亮度检测】，此时出现当前相机亮度 4. 调整 RGG 调光旋钮，使相机的 R、G、B 三种光亮度值符合机器的设定值 5. 锁紧调光旋钮			相机的 R、G、B 三种光亮度值符合机器的设定值		调光板	
	2	摄像头标定	1. 放入检测区一张 SMT 完成板 2. 选择菜单【系统设置】⇒【摄像头标定】，此时画面出现 1 个方框 3. 将方框框住 1 个 0603 元器件，单击"确定"开始标定 4. 标定完毕保存			按照要求进行标定		带 0603 元器件的 PCB	

续表

重点管理事项	软件版本变更记录			使用工具及设备	支持性文件	变更记录
	版次	变更日	变更内容	吸尘器、抹布、 OKS422 润滑油、 油枪、调光板、 PCB、WD-40 防锈剂		《设备保 养记录表》
保养时注意切断电源						

任务 5.6　X-ray 设备认知

教学课件
任务 5.6

5.6.1　X-ray 工作原理与组成

X-ray(X 射线)透视图可以显示焊点厚度、形状及质量的密度分布。这些指针能充分反映出焊点的焊接质量,包括开路、短路、孔、洞、内部气泡以及锡量不足,并能做到定量分析。X-ray 检测的最大特点是能对 BGA 等部件的内部进行检测。

X-ray 检测的基本原理图如图 5.18 所示。当组装好的印制电路板(PCBA)沿导轨进入机器内部后,位于印制电路板下方有一个 X-ray 发射管,其发射的 X 射线穿过印制电路板后被置于上方的探测器(一般为 CCD/增强屏)接收,由于焊点中含有可以大量吸收 X 射线的铅,因此与穿过玻璃纤维、铜、硅等其他材料的 X 射线相比,照射在焊点上的 X 射线被大量吸收,而呈黑点,产生良好图像,使得对焊点的分析变得相当直观,故简单的图像分析算法便可自动且可靠地检验焊点缺陷。

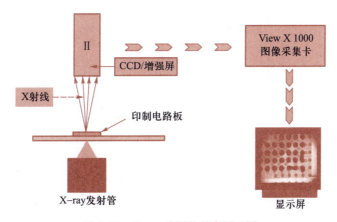

图 5.18　X-ray 检测的基本原理图

近几年 AXI 检测设备有了较快的发展,已从过去的 2D 检测发展到目前的 3D 检测,具有 SPC 统计控制功能,能够与装配设备相连,实现实时监控装配质量。目前的 3D 检测设备按分层功能区分有两大类。

1. 不带分层功能

这类设备是通过机械手对 PCBA 进行多角度的旋转,形成不同角度的图像,然后由计算机对图像进行合成处理和分析,来判断缺陷。图 5.19 是一张倾斜拍摄的 BGA 照片,其中正常的焊点为圆柱形,开焊焊点为圆形。图 5.20 显示的是 BGA 焊点的开焊缺陷,图 5.21 显示的是 BGA 焊点的空洞缺陷。

图 5.19　BGA 焊点图像

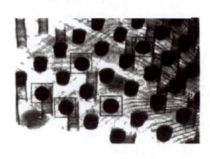

图 5.20　BGA 焊点开焊

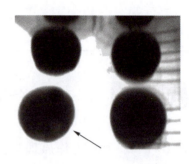

图 5.21　BGA 焊点的空洞缺陷

2. 具有分层功能

计算机分层扫描技术(工业 CT)可以提供传统 X 射线成像技术无法实现的二维切面或三维立体表现图,并且避免了影像重叠、混淆真实缺陷的现象,可清楚地展示被测物体内部结构,提高识别物体内部缺陷的能力,更准确地识别物体内部缺陷的位置。这类设备有两种成像方式。

① X 光管发射 X 射线并精确聚焦到被测物体的某层,被测物体置于一可旋转的平台上,旋转平台高速旋转,使焦面上的图像清晰地呈现在接收器上,再由 CCD 照相机将图像信号变为数字信号,交给计算机处理和分析,如图 5.22 所示。

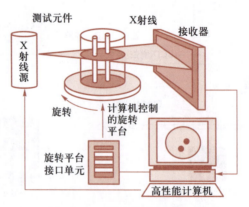

图 5.22　X 射线分层扫描方式

② 将 X 射线精确聚焦到 PCB 的某一层上,然后图像由一个高速旋转的接收面接收,由于接收面高速旋转使处在焦点上的图像清晰,而不在焦点上的图像则被消除,如图 5.23 所示。如此得到各个不同层面的图像,再通过计算机的合成、分析就可以实现对多层板和焊点结构的检查,如图 5.24 所示。

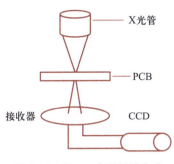

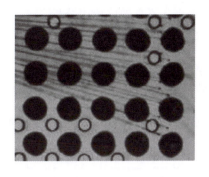

图 5.23　X-ray 分层扫描方式　　　　　　图 5.24　X-ray 多层检查

X-ray 检测技术为 SMT 生产检测手段带来了新的变革,可以说它是目前那些渴望进一步提高生产工艺水平,提高生产质量,并将及时发现装联故障作为解决突破口的生产厂家的最佳选择。随着 SMT 器件的发展,其他装配故障检测手段由于其局限性而寸步难行,X-ray 自动检测设备将成为 SMT 生产设备的新焦点,并在 SMT 生产领域中发挥着越来越重要的作用。

5.6.2　X-ray 检测的特点与功能

1. X-ray 检测的特点

① X-ray 对工艺缺陷的覆盖率高达 97%。可检查的缺陷包括:虚焊、桥连、立碑、焊料不足、气孔、元器件漏装等等。尤其是 X-ray 对 BGA、CSP 等焊点隐藏元器件也可检查。

② 较高的测试覆盖度。它可以对肉眼和在线测试检查不到的地方进行检查,比如 PCB 内层走线断裂,X-ray 可以对其进行很快的检查。

③ 测试的准备时间大大缩短。

④ 能观察到其他测试手段无法可靠探测到的缺陷,如虚焊、气孔和成形不良等。

⑤ 对双面板和多层板只需检查一次(带分层功能)。

⑥ 提供相关测量信息,用来对生产工艺过程进行评估,如锡膏厚度、焊点下的焊锡量。

2. X-ray 的检测功能

X-ray 的检测功能可归纳如下:

① BGA、CSP、Flip Chip 检测。

② PCB 焊接情况。

③ 短路、开路、空洞、冷焊的检测。

④ IC 封装检测。

⑤ 电容、电阻等元器件的检测。

⑥ 传感器等配件及塑胶件的内部探伤。

⑦ 电热管、锂电池、珍珠、精密器件等内部探伤。

⑧ 对检测产品整体及局部拍照。

⑨ 测量焊球大小、焊球间的间隔、空洞百分比。

⑩ 焊点各不良缺陷原因分析。

⑪ 出具检测报告。

教学课件
任务 5.7

任务 5.7　X-ray 设备的操作

X-ray 设备操作根据 X-ray 操作作业指导书进行,其工艺流程如图 5.25 所示。

开机与设备检查 → 设备预热 → 装入PCBA → 检测 → 结束 → 关机

图 5.25　X-ray 操作的基本流程

本任务以英国 Dage XD7500 为例介绍。

5.7.1　X-ray 开机与设备检查

机器的电源控制开关位置如图 5.26 所示。

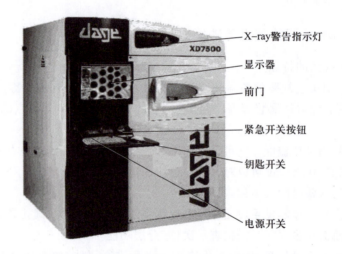

　　X-ray警告指示灯
　　显示器
　　前门
　　紧急开关按钮
　　钥匙开关
　　电源开关

图 5.26　机器电源控制开关位置图

开机顺序应按以下步骤:

① 开机前先检查机器的外观是否有明显的损伤或明显的变形。任何损伤或明显的变形都有可能增加 X 射线泄漏的危险。

② 检查机器的前后门是否关闭,正常情况下前后门都会由机器内置的安全锁锁住,以防止前后门在未关闭情况下操作机器。

③ 把主控开关转到"I"位置开启电源;如果主控开关位于"T"位置,则应把开关转到电源正常关闭的"0"位置后再转到"1"位置。

④ 检查急停按钮是否已锁定,如果已锁定则顺时针旋转按钮解除紧急关闭状态。

⑤ 插入钥匙并将图 5.27 钥匙开关转到 X-ray ENABLE 位置。

⑥ 按图 5.28 所示的绿色 POWER ON 按钮。

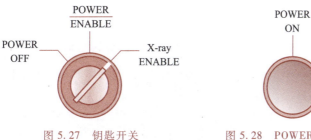

图 5.27　钥匙开关　　　　　　图 5.28　POWER ON 按钮

此时 X-ray 射线管的真空泵和电气设备开始启动。

主控计算机首先按照正常的 Windows 启动顺序开机,接着启动 Dage XD 7500 应用程序。如果软件处于自启动模式,屏幕将出现 Dage XD 7500 软件的启动画面,如图 5.29 所示。

如果软件未处于自启动模式下,需双击屏幕桌面上的如图 5.30 所示的 Dage X-ray 软件快捷方式图标,或在 Windows"START"菜单里的"Dage X-ray Systems"软件系统中,单击"Dage X-ray"选项,启动 Dage 应用程序,即可进入 Dage XD 7500 应用软件的启动画面。

图 5.29　Dage XD 7500　　　　　图 5.30　Dage X-ray 软件
软件启动画面　　　　　　　　　快捷方式图标

⑦ 初始化。程序开启几秒钟后,会出现"初始化各轴"的对话框,提示用户是否开始"初始化各轴"。

当出现图 5.31 中的"Press OK to Initialize Axes"信息时,按下 OK 按钮开始进行初始化。

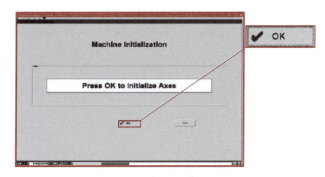

图 5.31　初始化各轴对话框

完成上述操作后,显示屏出现应用程序的主画面,如图 5.32 所示。

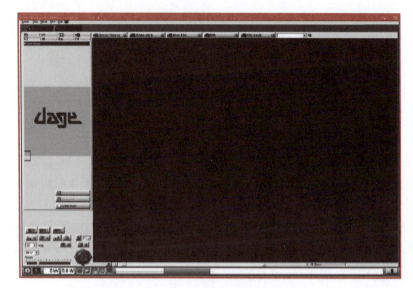

图 5.32　应用程序主画面

⑧ 观察并等待真空度达到一定的使用标准。

在操作界面下方的状态栏中有一真空度的状态指示灯。当图 5.33 中指示灯变成
绿色时真空度才达到使用标准。

　　　　　　　　　　　　　　　　　　　　　　　　——真空状态指示灯

图 5.33　真空度指示灯按钮

⑨ 从程序界面顶部的"Tube"选项菜单中选择"Warm-up"开始机器预热。这个过
程会较慢,射线管的电压会缓慢变化直至增加到最大值(160kV)。

注意

1. 预热时间长短要根据上次机器的使用状况以及射线管的维护保养状况,最多
可能需要 15 min 左右的时间进行机器预热过程。

2. 每天的第一次开机必须先做一次 WARM UP;两次使用间隔超过 1 小时也必
须做一次 WARM UP。

5.7.2　装入/取出检测板

装入/取出一块检测板的程序如下:

① 关闭 X 射线后,单击 ▌ 开门按钮开启内置安全门锁,打开前门。

② 等待载物托板移至装卸位置后打开前门。如果在单击开门按钮 20 s 内没有打开前门,门会自动上锁。

③ 如图 5.34 所示,将 PCB 放在载物托板的左下角,距离两边缘各约 20 mm,被测物最高高度不能超过 50 mm。

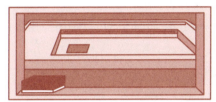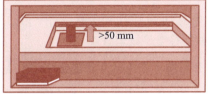

图 5.34　PCB 放在载物托板位置

④ 关上前门。

注意

1. 开后门时应注意不要将手放在门轴处,防止挤伤。

2. 开关门时请注意轻关轻放,避免碰撞以损伤内部机构。

5.7.3　X-ray 检测

① 扫描并调节图像。

② 将图像移到要检查的部位。

③ 保存或打印所需的图像文件。

④ 移动检查部位或者更换样板进行检测,只需重复设备和上述 1、2、3 步即可。

5.7.4　X-ray 关机

紧急断电对机器本身一般不会造成损害。但 Windows 操作系统会检测到此现象并在重新开机启动时进行系统自诊断,因此会多用一些时间开机检测并且有可能会造成个别文件的丢失。

为了防止此类现象发生,请按下列关机步骤进行正确关机:

① 单击图 5.35 所示的 X-ray 关闭按钮将 X-ray 关闭。X-ray 关闭后,按钮和指示灯状态如图 5.36 所示。

小贴士

1. 开启 X-ray 后,等 X-ray 功率上升到设定值并稳定后再开始做 Scan Board。

2. 在紧急情况下应及时按下急停按钮进行制动关机。

X-ray关闭按钮

X-ray状况显示

图 5.35　X-ray 关闭按钮图标

电压和功率值都为零

状态栏

图 5.36   按钮和指示灯状态图标

② 单击 Dage 应用程序窗口右上角的关闭按钮(如图 5.37)以关闭应用程序,此时各驱动轴会移至停放位置。

③ 在屏幕的左下角单击   按钮。

④ 在"Start"菜单里单击  选项。

⑤ 选择"Shut Down",单击图 5.38 中"Ok"按钮。

关闭按钮

图 5.37   关闭按钮图标   图 5.38   关机界面

⑥ 等待屏幕画面消失或显示"No Sync"。

⑦ 将钥匙开关转到 POWER OFF,取下钥匙。

⑧ 将主控开关  转到"0"位置。

⑨ 离开机器前把主控开关门关好。

小贴士
关闭应用程序时,单击关闭按钮后请等待程序完全关闭,不要再次单击关闭按钮。

【生产应用案例 3】——X-ray 操作作业

X-ray 操作作业指导书如表 5.7 所示。

表 5.7　X-ray 操作作业指导书

作业指导书	作业名	X-ray 作业指导书	适用产品	全型号产品	适用工程	检查工程

制作日期

文件编号

使用配件

编号	配件名称	规格
1	PCB	全型号
2	配件	全型号
3		
4		
5		
6		

使用工具及仪器

编号	工具名	工具规格	数量
1	X-ray	View X 1000	1
2			
3			
4			
5			
6			

相关文件

编号	文件名称
1	
2	
3	
4	
5	
6	

图片标注:
- 3. 打开应用程序软件
- 2. 电压: 70~80 kV　电流: 0.1 mA
- 5. 调整装载位置, 通过实时画面判断 BGA 焊接品质
- 1. 增加电压及电流
- 4. 放入待测品

设备按钮编号:

1. 电源钥匙开关
2. KV ON/OFF 开关
3. KV 调整
4. MA 调整
5. mA ON/OFF 开关
6. MOTION(动作)ON/OFF 开关
7. 激光束指针开关
8. 内部灯光照明开关
9. 急停开关
10. 检测 FOV 范围开关
11. 动作速度调整开关
12. X/Y/Z 动作开关

一、开机准备
1. 先旋开电源钥匙(key)开关和急停开关, 然后打开 KV 电源开关, 最后打开计算机电源开关
2. 进行暖机 10 min
3. 打开内部灯光照明开关和激光束指针开关
4. 打开装载门, 将被检测的 sample 放到检测载物区, 然后关闭装载窗
5. 升高 kV 到 40 kV
6. 打开 mA 开关, 升高 mA 到 0.1 mA, 然后调整 KV 直到能够得到清晰的图像

二、启动程序
1. 双击桌面上的"View X 1000"图标
2. 将 PCB 放到载物区, 旋转动作开关, 调整方向, 确认待检测部分在激光照射范围内
3. 画面的实时显示图像后, 可以观测 BGA 锡球的焊接状态
4. 目视确认有无空洞, 连锡, 少锡, 多锡, 气泡等不良现象

重点管理事项
1. 设备暖机期间, 不能打开装载门
2. 设备工作过程中要打开门时, 务必关闭 mA 开关

软件变更记录

编号	日期	内容	制作	批准
1				
2				
3				

不良现象记录

编号	日期	内容
1		
2		
3		

制作部门

制作	审核	批准

拓展链接
常见检测设备

本章小结

　　本章主要介绍了常见检测技术与检测方法、常见检测设备的功能、结构与工作原理以及主要检测设备的操作、调试方法与日常维护等内容。

　　目前应用在电子组装工业中的检测方法主要有人工目视检验、自动光学检测（AOI）、自动 X 射线检测（AXI）、在线测试及功能测试。

　　AOI 是通过 CCD 照相的方式获得器件或 PCB 的图像，然后经过计算机的处理和分析比较来判断缺陷和故障，主要用于印制电路板组件的外观检测。AOI 设备结构一般由 CCD 摄像系统、机电控制系统、软件系统和操作平台组成。

　　AOI 程序编制的工艺流程主要包括 PCB 固定治具调整、新建程序、设定 PCB 原点与 PCB 长度、创建 PCB 缩略图、设定 MARK 点、编制元器件标准、建立检测元器件到对应元器件标准的链接、优化路径、备份文件。

　　AOI 设备操作与保养分别根据 AOI 操作作业指导书和保养作业指导书进行，操作流程一般为 AOI 设备点检、开机与检查、测试、关机与日清洁，保养分为日点检与清洁、月保养、半年保养。

　　AXI 是由计算机图像识别系统对微焦 X 射线透过 SMT 组件所得的焊点图像，经过灰度处理来判别各种缺陷的技术，其特点是可以检查隐藏的焊点。

　　AXI 设备操作根据 X-ray 操作作业指导书进行，操作流程一般为开机与设备检查、设备预热、装入 PCBA、检测、关机与日清洁。

实践训练

　　上机实操训练：

1. AOI 操作
2. AOI 编程
3. X-ray 操作

第 6 章

SMT 生产线运行管理

学习目标

　　SMT 设备的高效运行、SMT 产品的优质高量，离不开生产线的有效管理。 本章主要介绍现场管理和品质控制的基本知识、SMT 原材料的管理和使用，以及简单电子产品生产的 SMT 生产线实际运行。

学习完本章后，你将能够：

● 了解现场管理、5S 管理的概念与管理目标，熟悉 5S 管理推进的重点

● 熟悉品管部门的机构设置和职责，了解现场品质控制的流程

● 掌握 SMT 原材料的管理和使用方法

● 能够实际运行 SMT 生产线，进行简单的电子产品生产

教学课件
任务 6.1

任务6.1 现场管理

1. 现场管理的概念

简单地说,现场管理就是运用公司的有效资源,结合部属与众人的智慧和努力达成公司的目标。现场管理示意图如图6.1所示。

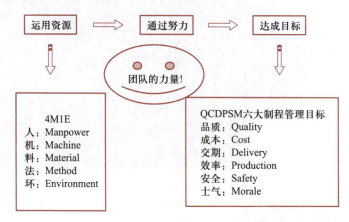

图 6.1　现场管理示意图

2. 现场管理的要素——4M1E

① 人。Manpower——选人、用人、育人、留人。

② 机。Machine——机器设备、工装夹具。

③ 料。Material——材料成本是产品的主要成本。

④ 法。Method——技术手段、工艺水平、企业文化、行事原则、标准规范、制度流程。

⑤ 环。Environment——良好的工作环境、整洁的作业现场、融洽的团队氛围。

3. 现场管理的目标

好的现场管理人员必须从以下六大管理目标方面进行管理。

① 品质。Quality——品质是企业的决战场,没有品质就没有明天。

② 成本。Cost——合理的成本,也是产品具有竞争力的有力保障。

③ 交期。Delivery——客户就是"上帝",而且是不懂得宽恕的"上帝"。

④ 效率。Production——效率是部门绩效的量尺、工作改善的标杆。

⑤ 安全。Safety——工作是为了生活好,安全是为了活到老。

⑥ 士气。Morale——坚强有力的团队、高昂的士气是取之不尽用之不完的宝贵资源。

4. 现场日常管理三个层面

① 事后管理。问题发生后实施处理。关键:快、准、预防措施报告。

② 事中管理。通过监督控制,防止问题发生。关键:广角镜、4M1E、QCDPSM。

③ 事前管理。预防可能发生的问题。关键:计划、FMEA、预防。

5. 解决问题的 8 个步骤

解决问题的 8 个步骤,详见图 6.2。

6. 在现场如何发现问题

① 从倾听和工作结果中发现问题。其工作方法与要点详见表 6.1。

表 6.1　"从倾听和工作结果中发现问题"工作方法与要点

手段	方法	要点
从倾听中发现问题	通过与上司沟通、交谈过程中发现问题	指出工作中的问题以及上司对解决问题效果的期待 不仅能发现问题,而且还能通过倾听确认上司对问题的看法,理解自身责任的大小
	发现工作以外的问题	可以让员工就共同关心的问题发表看法,可以自由发言,锻炼员工表达意见的能力,体会沟通的乐趣
从结果中发现问题	头脑风暴	不加限期地提出尽可能多的问题 对类似问题进行分类
	从数据中发现问题	在日常管理活动中注意保留必要的管理数据(推移图等) 从推移图中的异常变动(过高、过低等)中发现问题
	从前后工序的投诉或要求中发现问题	虚心听取前后工序的投诉或要求 分析投诉或要求的原因,并从中发现存在的问题
	从上一次活动结果的反省中发现问题	某一个课题结束了,但并不意味着所有问题都得到有效的解决,残留的问题以及改善引起的副作用都是值得反省的

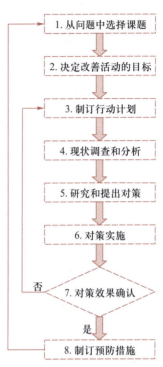

图 6.2　解决问题的 8 个步骤

(图中流程)
1. 从问题中选择课题
2. 决定改善活动的目标
3. 制订行动计划
4. 现状调查和分析
5. 研究和提出对策
6. 对策实施
7. 对策效果确认　否
是
8. 制订预防措施

② 从目标入手发现问题。其工作要点详见表 6.2。

表 6.2　"从目标入手发现问题"工作要点

	Quality	Cost	Deliver	Morale	Safety
要点	工程内不良现象的减少 减少人为错误 减少品质异常 减少工序或用户投诉 减少装配不良 作业指导书改善 质量保障工程能力改善 问题再发防止 初期不良现象的减少	经费削减 材料、零部件损坏减少 降低购买单价 缩短作业时间 人员削减 设备效率、利用率提高 减少不良品和修理时间 材料利用率提高	增加单位时间生产量 严守交货期 减低库存量 在库管理精度提高 场所布局的改善 改善生产计划的进度管理 迟交货问题的改善 停线时间减少	环境的美化 提高出勤率 人员的合理配置 培养员工的问题意识、品质意识 加强团队建设 个人能力的提升 建设有活力的工作现场	保障工作场所的安全 灾害、事故减少 消除一切安全隐患 加强整理、整顿 加强安全管理

③ 从 4M 入手发现问题。其工作要点详见表 6.3。

表 6.3　"从 4M 入手发现问题"工作要点

	Machine	Material	Method	Manpower
要点	稳定性问题 点检保全工作的不足 故障的发现和处置 5S 活动水平 工夹具交换时间的把握 工夹具的改善	特性值及保管状态 规格的符合性 品质保证 不良品的处置 材料、零部件供应商的变动 材料、零部件批量管理	测量器具特性值管理 测量误差 测量方法的管理 作业标准的维护 作业标准的改善 作业环境的整备	作业者的经验、技能 工作分配的合理性 作业者的健康状态 作业者的品质意识 作业者的工作态度

7. 员工的七大能力

① 异常发现问题的能力。

② 异常处理复原的能力。

③ 原因分析的能力。

④ 改善实施的能力。

⑤ 条件设定的能力。

⑥ 条件改善的能力。

⑦ 条件维持的能力。

8. 5S 管理

5S 管理是现场管理的基础。5S 管理起源于日本,是指在生产现场对人员、机器、材料、方法等生产要素进行有效管理,这是日本企业独特的一种管理办法。由于整理(Seiri)、整顿(Seiton)、清扫(Seiso)、清洁(Seiketsu)和修养(Shitsuke)这五个词日语中罗马拼音的第一个字母都是"S",所以简称 5S。由于 5S 管理对塑造企业形象、降低成本、准时交货、安全生产、高度标准化、创造令人心怡的工作场所等现场改善方面的巨大作用,已经被各国管理界所认同。随着世界经济的发展,5S 管理早已成为工厂常规的管理方法。

（1）5S 管理具体含义

① 整理

整理是彻底把需要与不需要的人、事、物分开,再将不需要的人、事、物加以处理。整理是改善生产现场的第一步。其要点首先是对生产现场摆放和停滞的各种物品进行分类;其次是对于现场不需要的物品坚决清理出现场。

整理的目的是改善和增加作业面积,现场无杂物,行道通畅,提高工作效率;消除管理上的混放、混料等差错事故;有利于减少库存,节约资金。

② 整顿

整顿是把需要的人、事、物加以定量和定位,对生产现场需要留下的物品进行科学合理的布置和摆放,以便最快取得所要之物,在最简洁有效的规章、制度、流程下完成事务。简言之,整顿就是人和物放置方法的标准化。整顿的关键是要做到定位、定品、定量。抓住了上述三个要点,就可以制作看板,做到目视管理,从而提炼出适合本企业物品的放置方法,进而使该方法标准化。

生产现场物品的合理摆放使得工作场所一目了然,创造整齐的工作环境,有利于提高工作效率。

③ 清扫

清扫是把工作场所打扫干净,对出现异常的设备立刻进行修理,使之恢复正常。清扫过程是根据整理、整顿的结果,将不需要的部分清除掉,或者标示出来放在仓库之中。清扫活动的重点是必须按照企业具体情况决定清扫对象、清扫人员、清扫方法,准备清扫器具,实施清扫的步骤,只有这样方能真正起到作用。

现场在生产过程中会产生灰尘、油污、铁屑、垃圾等,从而使现场变得脏乱。脏乱会使设备精度丧失,故障多发,从而影响产品质量,使安全事故防不胜防;脏乱的现场更会影响人们的工作情绪。因此,必须通过清扫活动来清除那些杂物,创建一个明快、舒畅的工作环境,以保证安全、优质、高效率的工作。

④ 清洁

清洁是在整理、整顿、清扫之后,认真维护、保持和完善最佳状态。在产品的生产过程中,永远会伴随着没用的物品的产生,这就需要不断加以区分,随时将它们清除,这就是清洁的目的。

清洁并不是单纯从字面上进行理解,它是对前三项活动的坚持和深入,是消除产生安全事故的根源,从而创造一个良好的工作环境,使员工能愉快地工作。这对企业提高生产效率,改善整体的绩效有很大帮助。

⑤ 修养

修养是指养成良好的工作习惯,遵守纪律,努力提高人员的素质,养成严格遵守规章制度的习惯和作风,营造团队精神。这是 5S 管理活动的核心。没有人员素质的提高,各项活动就不能顺利开展,也不能持续下去。

(2)5S 管理推进重点

① 整理的推进重点

对象:工作现场,区别要与不要的东西,只保留有用的东西,撤除不需要的东西,清理现场被占有而无效用的"空间"。

目的:清除零乱根源,腾出"空间",防止材料的误用、误送,创造一个清新的工作场所。

② 整顿的推进重点

定义:把要用的东西,按规定位置摆放整齐,并做好标志。

对象:主要在因物品放置随意不方便取用的场所。

目的:定置存放,实现随时方便取用。

③ 清扫的推进重点

定义:将不需要的东西清除掉,保持工作现场无垃圾、无脏污状态。

对象:主要是工作现场各处的"脏污"。

④ 清洁的推进重点

定义:维持以上整理、整顿、清扫后的局面,使工作人员觉得整洁、卫生。

对象:透过整洁美化的工作区与环境,使人们产生充沛精力。

目的:维持和巩固整理、整顿、清扫的成果。

⑤ 修养的推进重点

定义:通过进行上述 4S 的活动,让每个员工都自觉遵守各项规章制度,养成良好的工作习惯,做到"以厂为家、以厂为荣"。

对象:主要在通过持续不断的 4S 活动中,改造人性、提升道德品质。

目的:养成良好习惯;加强审美观的培训;遵守厂纪厂规;提高个人修养;培养良好兴趣、爱好;建造守纪律的工作场所;井然有序,营造团队精神;注重集体的力量、智慧。

任务 6.2　品质控制

教学课件
任务 6.2

6.2.1　品质管理部门机构设置与职责认知

为了更好地进行品质控制,首先应明确品管部人员职责和权限,为质量体系的有效运行建立组织保证。品管部负责人负责编制本部门各岗位工作人员的岗位职责及权限,各岗位人员依据本人的岗位职责、权限在工作中建立联系,履行相应职责。

1. 品质管理部门机构

品质管理部门机构示意图如图 6.3 所示。

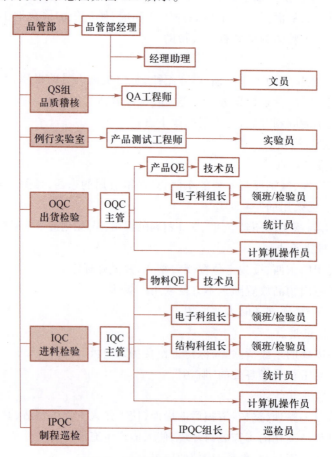

图 6.3　品质管理部门机构示意图

2. 品管部各岗位职责

品管部岗位主要职责如表 6.4 所示。

表 6.4 品管部岗位主要职责

序号	品管部岗位主要职责
1	品质制度的订立、品质体系的建立和改善
2	品质保证方案的拟订并推动全面质量管理活动的进行
3	负责公司质量目标的提出和达成度评价,汇总并组织相关部门分析存在的质量缺陷,提出纠正和预防措施,督促并检查纠正措施的实施效果
4	编制公司各类产品和物料的质量标准
5	对公司的第一、二阶体系文件《质量手册》和《公共程序文件》以及各部门手册管理类文件进行维护和控制
6	按 ISO 9000 标准要求组织实施质量体系内部审核,以保证公司质量体系的持续有效性
7	品质资讯的收集、传导与回复
8	负责对供应商的评定,协助品质能力的辅导,控制和保证来料的质量
9	有关质量事务的对外联络和处理工作,如质量体系认证、产品认证、客户验厂、产品抽查等
10	受理产品质量客户抱怨和投诉
11	对公司内各部门质量判定的争议进行协调和处理
12	品质成本的分析与品质控制事项的制订
13	品质培训计划的制订、督导及执行
14	进料、在制品、成品品质检验规范的制订与执行
15	负责进料、制程和出货检验,评定产品实际达到的质量水平,报告存在的质量缺陷
16	检讨和改进品质检验方法,保证准确、有效和可靠地判定产品品质状态
17	制程品质的巡回检验与控制
18	负责组织新产品开发设计的评审和确认,保证新产品设计的完善性
19	负责对公司生产的产品信赖性试验,确保产品质量的可靠和稳定,主导产品审核的进行,验证和评价库存产品质量

各岗位主要职责如下:

品管部经理:其本职工作是管理品管部的正常运作,维持公司品质体系的正常运作。

品管部经理助理:其岗位职责是协助经理管理品管部 IQC、OQC 的正常运作,对进料和出货的品质负责。

品管部文员:其岗位职责是文件管理和品质数据统计汇总。

品质稽核工程师(QA 工程师):其岗位职责是负责产品、质量体系稽核及改进。

产品测试工程师:其岗位职责是负责新产品测试确认及可靠性保证。

产品品质工程师(产品 QE):其岗位职责是负责出货的成品品质控制。

物料品质工程师(物料 QE):其岗位职责是负责物料的品质控制、供应商的管理。

品管部产品技术员:其岗位职责是协助产品 QE 完成出货成品的品质控制。

品管部物料技术员:其岗位职责是协助物料工程师控制物料的品质。

品管部 IQC 主管:其岗位职责是负责物料进料检验工作。

品管部 IQC 组长或组长:其岗位职责是检验的现场管理、日常检验工作安排。

品管部 IQC 检验员:其岗位职责是对来料质量、数量、型号进行检验。

品管部 IQC 统计员：其岗位职责是 IQC 各种文件资料的收发、检验记录的整理保存、检验数据的统计。

品管部 IQC 计算机操作员：其岗位职责是将报表资料输入计算机。

OQC 主管：其岗位职责是负责成品出货检验工作。

OQC 组长：其岗位职责是协助主管完成 OQC 成品检验等有关工作。

OQC 检验员：其岗位职责是按照公司的运作程序，进行最终的成品检验。如是合格品，随即填写检验报告单及合格证；若是不合格品，则要求返工。

OQC 统计员：其岗位职责是收文、发文、文件整理。

OQC 计算机操作员：其岗位职责是确保文件、报表输入计算机的准确性。

6.2.2　设计品质控制流程

合理的品质控制流程是产品质量的基本保障，表面贴装品质控制流程如图 6.4 所示。

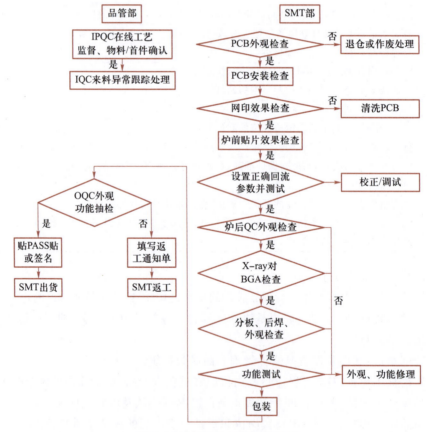

图 6.4　表面贴装品质控制流程

6.2.3　编写作业指导书

作业指导书是指为保证产品加工过程的质量而制订的程序。ISO 9001 中明确指出，没有形成文件的程序就不能保证质量，作业指导书作为文件化质量体系的第三级文件，在质量体系的运行中起着举足轻重的作用，不能把作业指导书仅理解为纯粹的操作流程,作业指导书的文件化实际上是条件和标准等关键信息的文件化。

1. 作业指导书编制应遵循的原则

① 作业指导书应尽可能简单、实用。首先,只写与控制影响质量的因素及结果的评定方法有关的内容,而有关操作的步骤等内容在设备操作手册、标准、岗位培训的原始资料中已有描述,人们只需引用或参考这些已经存在的标准和文件,没有必要把它们重复一遍。其次,尽可能写得易懂。再次,不定义术语。作业指导书可以使用各种术语,但给术语下定义是标准和质量手册、程序文件的事,而术语的理解应在有关的培训中解决。最后,要尽可能方便使用者。使用者的需要是很重要的,作业文件应避免全部用文字来表达,可以采用流程图、图表、照片,同时采用较大的字号,避免使用密密麻麻的文字及大量地引用其他的文件或表格。

② 只写该写的作业指导书。一般来说,作业指导书过多或过少都是不正常的,但其数量并没有明确的规定,而应建立在需要的基础上。应针对你计划编写的作业指导书回答以下三个问题:为什么要编制这个作业指导书? 有了这个作业指导书,能执行什么任务(控制哪些影响质量的因素)? 文件的培训或岗前培训、岗位培训能覆盖或取代这个作业指导书吗? 对以上三个问题的明确回答可以决定是否需要这个作业指导书。

③ 易于修改。为响应瞬息变化的顾客需要和社会需要,过程需要不断地改进,因而有必要发挥员工在持续质量改进中的作用,而难于修改的作业指导书不利于员工积极性和创造性的发挥。

④ 作业指导书应与已有的各种文件有机地结合。

2. 作业指导书的内容及表现形式

文件化作业指导书像质量体系的其他文件化形式一样,作业指导书应专注于控制影响质量的因素而不是详细的操作。那么,作业指导书应当包括什么内容呢? 它应包括条件和标准,不是要求作业员详述每一步的操作,而是要求他们在进行操作时做记录和如何知道他们所做的是对的。换句话说作业指导书是文件化一个特定操作的条件和标准。

(1) 条件

开始一种操作的场合或前提条件是什么? 由谁开始和认可这项操作?

(2) 标准

对第三级的作业指导书来说,有比日常操作重要得多的内容,为了与 ISO 9001 一致,它应当展示一个特定产品的能接收和不能接收的范围,也应陈述对公司产品来说是独一无二的公差和标准(如范围、极限),如果作业指导书不能提供权威的标准,如尺寸、公差、公式、式、表格、温度范围、表面条件、加工方法、成分、原材料等,它就没有符合目的。也就是说,对大多数产品来说,作业指导书的文件化是关键信息的文件化,而工作的目的、范围、何时和何地做、如何做、使用什么材料与设备等内容视具体工作可斟酌取舍。

作业指导书用于具体指导现场生产或管理工作,其结构和形式完全取决于作业的性质和复杂程度,不像质量手册和程序文件那么单一,不必也不可能采用统一的结构和形式。因而根据其应当包括的内容可以全部用文字描述,也可以用图表来表示,或两者结合起来使用。

3. 作业指导书举例

(1) 作业指导书——网板的管理及使用,详见表6.5。

表 6.5   网板的管理及使用作业指导书

标准作业指导书				
名称	网板的管理及使用作业指导书	页次	日期	

一、目的

规范 SMT 线锡膏/贴片胶印刷网板制作、使用、验证、管理等工作,满足生产的需要,确保产品品质

二、使用范围

SMT 实训车间

三、术语和定义

网板:SMT 生产线用于在基板上(如 PCB、FPC 等)印刷锡膏或贴片胶的钢性漏板

四、网板的使用维护管理

(1)印刷机操作员负责每个批次网板的正确领用、维护及状态标识,准确填写"网板使用记录",每个批次生产完毕后需要清洁干净并放到指定区域(规定的工具架或工具柜中)

(2)激光切割式网板规定其使用次数为 10 万次

(3)SMT 车间每天使用前需进行首件确认,并按照产品型号分类建立网板使用履历,每日累计使用次数,网板每使用 3 万次需进行一次系统地周期检验

(4)网板使用次数超过 10 万次应停止使用,技术部门组织品质、生产相关工程师进行评审

(5)当网板使用次数累计超过 13 万次后,由生产部门提交报废申请,技术部门确认后,即使网板能够满足产品工艺的需求,为更好地保证产品质量也将进行强制报废处理

(6)网板清洗具体步骤如下:将网板用短毛刷蘸无水酒精清洗干净,用气枪吹干净并确认;清洗干净的网板存放于网板橱内并填写"SMT 印刷网板使用记录"

(7)网板在使用过程中应定期用网板纸进行自动清洗擦拭,对不同产品清洗擦拭的频次也不同。通常设定参考如下:元器件引脚 ≤ 0.5 mm 或 PCB 最小焊盘尺寸 ≤ 0.35 mm 时,每印刷 3~5 件拼板擦拭一次;元器件引脚 ≥ 0.5 mm 或 PCB 最小焊盘尺寸 ≥ 0.35 mm 时,每印刷 8~12 块拼板擦拭一次

五、网板使用流程图

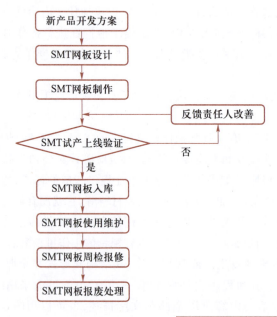

拟制	审核	批准

（2）作业指导书——锡膏的存储及使用，详见表 6.6。

表 6.6　锡膏的存储及使用作业指导书

标准作业指导书

名称	锡膏的存储及使用作业指导书	页次		日期	

一、目的

掌握锡膏的存储及正确使用方法

二、使用范围

SMT 实训车间

三、锡膏的存储

（1）锡膏的有效期：密封保存在 0~10 ℃时，有效期为 6 个月（注：新进锡膏在放入冰箱之前贴好状态标签、注明日期并填写"锡膏进出管制表"）

（2）锡膏启封后，放置时间不得超过 24 h

（3）生产结束或因故停止印刷时，网板上剩余锡膏放置时间即印刷间隔时间不得超过 1 h

（4）停止印刷不再使用时，应将剩余锡膏单独用干净瓶装、密封、冷藏，剩余锡膏只能连续用一次，再剩余时则做报废处理

四、锡膏使用方法

（1）回温：将原装锡膏瓶从冰箱取出后，在室温（23±5）℃条件下放置时间不得少于 4 h 以充分回温至室温，并在锡膏瓶上的状态标签纸上写明取出时间，同时填好"锡膏进出管制表"

（2）搅拌：手工-用搅拌刀按同一方向搅拌 5~10 min，以合金粉与焊剂搅拌均匀为准；自动搅拌机-若搅拌机速为 1 200 r/min，则需搅拌 2~3 min，以搅拌均匀为准且在使用时仍需用手工按同一方向搅动 1 min

（3）使用环境：温度范围为（23±5）℃，湿度范围为 40%RH~80%RH

（4）使用投入量：半自动印刷机，印刷时钢网上锡膏成柱状体滚动，直径为 1~1.5 cm 即可

（5）使用原则

① 使用锡膏一定要优先使用回收锡膏并且只能用一次，再剩余的做报废处理。

② 先进先用，使用第一次剩余的锡膏时必须与新锡膏混合，新旧锡膏混合比例至少 1∶1（新锡膏占比例较大为好且为同型号同批次）。

③ 生产过程中添加锡膏时应遵循"少量多次"的原则，并根据情况回收印刷边际溢出的锡膏，设定周期和频次。

（6）注意事项

① 做好有铅无铅区域标识，进行分层管理。

② 冰箱必须 24 h 通电、温度严格控制在 0~10 ℃，并且由带班线长负责每天早 7:00、晚 19:00 两次测量冰箱温度，填写"SMT 冰箱温度监测表"。

③ 机器搅拌锡膏的时间不可超过 3 min。

④ 锡膏印刷到 PCB 上未在规定时间内进行贴装的，需清洗后重新印刷。

⑤ 禁止使用热风器及其他设备加速锡膏回温过程。

⑥ 锡膏尽量避免长时间暴露在空气中。

⑦ 使用锡膏时应遵循"先入先出、开瓶用完"的原则。

⑧ 整个锡膏的管控过程要在各种监控状态管制表中明确体现出来。

拟制	审核	批准

（3）作业指导书——印刷工序，详见表 6.7。

表 6.7　印刷工序作业指导书

标准作业指导书				
名称	印刷工序作业指导书	页次	日期	

一、准备工作

（1）清洁工作台面和所需工具，将物品按规定位置摆放

（2）根据产品型号选择网板

（3）将自然放置的锡膏用锡膏搅拌刀搅拌 2~3 min 或使用锡膏搅拌机搅拌使助焊剂均匀

二、操作

（1）根据操作规程进行设备运行前的检查和开机工作

（2）将 PCB 放到上料框上（PCB 变形不能满足生产时需加托板）

（3）按照网板箭头指向的方向，将网板放置到印刷机上

（4）根据生产的产品选择相应的印刷程序，进入调校模式进行网板校准，调试好印刷状态

（5）调节印刷速度、压力和角度使印刷到 PCB 焊盘上的锡膏量均匀，具体调节方法见锡膏量少、量多参数调整流程

（6）首件需技术员确认，合格后才可批量生产

（7）印刷完的每一板需检查员进行检查，合格后按"手动放行"按钮送入贴片机中

（8）操作完毕，将网板取下并进行清洁，按操作规程进行关机，并清洁工作台面

三、环保与环境要求

（1）对锡膏操作时，应戴橡胶手套或一次性手套。如不慎将锡膏粘到皮肤上应立刻用酒精、洗手液清洗，再用大量水清洗干净

（2）作业完，剩余的锡膏、用过的网板擦拭纸和一次性手套要统一按照环境法规相关规定处理

（3）生产用的辅料符合 ROHS

（4）设备、工装、工具使用前进行清洁，特别是无铅产品加工前特别要注意现场的环保状态

四、质量要求

印刷到 PCB 焊盘上的锡膏，要求为锡膏成形，无塌陷、拉尖，锡膏量均匀、无漏印现象

五、注意事项

（1）严格执行附页"无铅制程换线检查表"要求内容，完善作业标准

（2）作业过程中身体严禁伸入机器

（3）对机器内的文件不能随意删除、更改

（4）锡膏印刷到基板上到进入回流焊的最长时间不超过 4 h

（5）操作前要检查刮刀的完好性

六、工作流程图

（1）锡膏印刷流程：

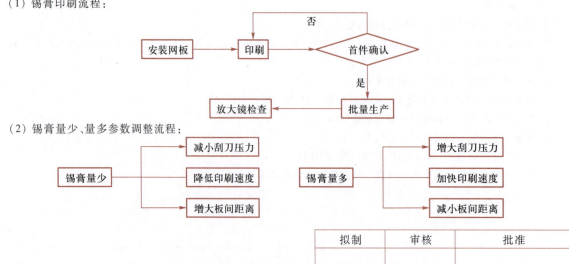

（2）锡膏量少、量多参数调整流程：

拟制	审核	批准

任务 6.3　原材料的管理与使用

教学课件
任务 6.3

在产品的生产加工过程中,不可避免地涉及原材料的管理与使用。严格遵循 5S 标准,按照仓储管理制度及材料处理规范进行操作,可有效降低物料的非正常消耗(失效、变质、ESD 击穿),减少甚至杜绝不合格原材料的流通。在确保生产顺利进行,各生产环节零等待时间的前提下,加强物料管理,缩小原材料、半成品等的占用量、储备量,能有效减少管理费用支出,保证物料供应品质,避免后期维护、返修费用的产生,提高生产效率。

6.3.1　耗材管理

1. 锡膏与红胶的管理

由于锡膏和红胶的物理与化学性质原因,需冷藏以满足其仓储管理要求,存储温度为 2~10 ℃。温度过高,溶剂与焊料引起化学反应,使黏度上升影响其印刷性;若温度过低并低于 0 ℃,溶剂中的松香会产生结晶现象,使形状恶化,解冻时会危及流变特征。存放时,注射器包装和筒装锡膏、红胶应尖端向下,使用密封容器保存在恒温、恒湿的冰箱内,并排除容器内残余空气。开放式存储可导致材料失效。采购运输过程中,应使用冰袋或冷藏设备进行恒温、恒湿保护。耗材使用工艺处理如表 6.8 所示。

表 6.8　耗材使用工艺处理

处理目标	处理方式	目的
锡膏、红胶	使用时,应提前至少 4 h 从冰箱中取出,写下时间、编号、使用者、应用的产品,并密封置于室温下,待达到室温时开启	回温未完全时开启,容易引起水汽凝结,引起再流焊接缺陷
	开封后,应至少用搅拌机搅拌 30 s 或手工搅拌 5 min	使材料成分均匀,降低黏度,改善流变特性
	印刷时间的最佳温度为(25±3)℃,湿度以相对湿度 45%RH~65%RH 为宜	良好环境因素保证漏印效果
	新、旧耗材混合使用时,按 3/4 与 1/4 比例均匀搅拌在一起	保持耗材处于最佳状态
	锡膏或红胶置于印刷模板上超过 30 min 未使用时,应搅拌后再使用。若中间间隔时间较长超过 1 h,应将锡膏重新放回罐中并盖紧瓶盖,再次使用时,重新进行搅拌工作	避免材料中固、液成分出现分层现象,防止助焊剂及溶剂挥发

续表

处理目标	处理方式	目的
锡膏	PCB 印刷锡膏后应在尽可能短的时间内贴装、再流完成,以防止助焊剂等溶剂挥发,有铅锡膏原则上不应超过 8 h,无铅锡膏不超过 4 h,超过时间应把锡膏清洗后重新印刷	满足有铅与无铅两种材料工作寿命要求
	开封后,尽量当天内一次用完,超过工作寿命的锡膏绝对不能使用。印刷模板回收锡膏也应密封冷藏	防止由于助焊剂挥发导致失效
	检验标准:提起拌刀,锡膏成丝状滴落 5 cm	

2. 印刷模板管理及使用

印刷模板制作工艺主要分为化学蚀刻、激光切割和电铸三种,其加工材质包含塑料、黄铜、不锈钢和高分子聚合物等,由于其材质特性,因此存放时需与丝印环境相同,采用恒温、恒湿条件,使用网框架垂直放置,避免温湿条件变化和重力影响引起变形而导致印刷缺陷。模板管理与使用中还需遵循以下一些原则:

① 取用、放置模板动作要轻柔,防止变形。

② 模板需按图示指定位置存放,严禁叠压。

③ 模板取用须登记。

④ 使用完毕半小时内清洗干净,防止锡膏及红胶固化。

⑤ 贴有"可清洗"字样的模板才可使用机器清洗。

3. 油脂与溶剂的管理

由于油脂与溶剂的分子结构原因,它们属于易燃、易爆高危物品,其管理条件应满足《消防法》规定,同时具备下列一些条件。

① 油脂、溶剂物品需避光密封保存,标志应清晰、完整,避免错用。

② 存放容器须远离火源,使用标示色带隔离存放。

③ 配备专用容器存储,避免选用不当引起破裂、破损。

④ 配备专用灭火器以备不时之需。

4. 材料管理安全措施及注意事项

材料管理安全措施及注意事项如表 6.9 所示。

表 6.9　材料管理安全措施及注意事项

项目		措施细节
安全措施	安全防护	(1) 操作人员取用、印刷和清洗锡膏及红胶过程中,严禁皮肤接触,如有沾染,应立即使用相应溶剂清洗 (2) 正确选用油脂与耗材,防止设备损坏 (3) 使用油脂和添加溶剂时严禁烟火 (4) 不同组装工艺使用擦拭纸归类存放,禁止混放 (5) 禁止使用腐蚀性溶剂清洗印刷模板

续表

项目		措施细节
安全措施	废弃物处理	（1）印刷模板擦拭纸应集中处理，防止污染 （2）废弃锡膏与红胶严禁随意抛弃 （3）严禁随意倾倒废弃油脂、溶剂，防止出现环境污染
注意事项		（1）不能把锡膏置于热风器、空调等旁边加速升温 （2）严禁将新锡膏和回收锡膏放入同一个瓶内。回收锡膏应重新选择空瓶盛放，防止新锡膏被旧锡膏污染 （3）不同类型及品牌锡膏、红胶严禁混合使用
遵循原则		（1）遵循"少量多次"原则 （2）遵循"先入先出"原则

6.3.2　元器件防护

1. ESD 防护与处理

ESD（Electro Static Discharge，静电放电，是指由两种不导电的物品一起摩擦而产生的静电，可以破坏 ICs 和电子设备）防护，是以防止静电释放导致元器件、设备品质影响为目的而采取的处理措施。生产区域 ESD 防护主要从硬件和软件两个方面考虑。

（1）硬件防护是从硬件系统（防护用品、环境控制系统、静电测量监控系统、专业生产装联设备）配置考虑避免 ESD 现象发生，可具备优良持久的防静电、防尘性能，能有效地释放人体、设备静电电荷。ESD 硬件防护体系如图 6.5 所示。

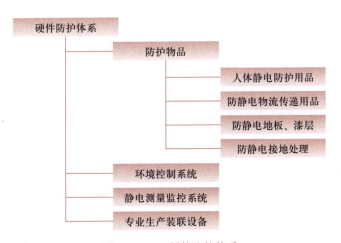

图 6.5　ESD 硬件防护体系

（2）工艺标准及操作规程的制定和实施，以及实施执行情况等人为因素影响是考验 ESD 防护措施成功与否的重点环节，是企业文化素质的体现。ESD 软件体系结构如图 6.6 所示。

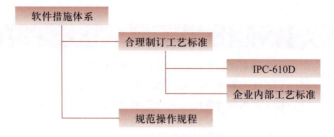

图 6.6   ESD 软件体系结构图

（3）根据 ESD 敏感等级表（如表 6.10 所示），制订相应工艺标准，严格按照操作规范进行元器件管理与使用处理。标志类型说明如表 6.11 所示。

表 6.10   ESD 敏感等级表

类型	ESD 敏感值/V	敏感度等级
VMOS	30~1 800	Class1
MOSFET	100~200	
GaAsFET	100~300	
FPROM	100	
SAW	150~500	
JFET	140~7 000	Class1~Class3
Opamp	190~2 500	Class1~Class2
COMS	250~3 000	
Schottky Diodes	300~2 500	
Film Resistor S	300~3 000	
Biplor Transistor S	380~7 000	Class1~Class3
ECL(PCB Level)	500~15 000	
SCR	680~1 000	Class1~Class2
Schottky TTL	>1 000	Class1~Class3

注：Class1 元器件敏感度为 0~1 999 V，Class2 元器件敏感度为 2 000~3 999 V，Class3 元器件敏感度为 4 000~15 999 V。

表 6.11   标志类型说明表

标志类型	项目说明
	ESD 敏感标志，用来表示该物体对 ESD 引起的伤害十分敏感。通常所有的静电敏感元器件包装上都应有这一标志。没有贴标志的元器件，不一定说明它对 ESD 不敏感。在对元器件的 ESD 敏感性存在怀疑时，必须将其当作 ESD 敏感器件处理，直至能够确定其属性为止
	ESD 防护标志，用来表示该物经过专门设计，具有静电防护能力
ATTENTION	ESD 警示标志，通常在静电防护区域张贴用以警示

（4）ESD 电压判别常识

① 无任何感觉：1 000 V。

② 听到放电声音：2 000~3 000 V。

③ 能够感觉到：3 000~4 000 V。

④ 能够看到：大于 5 000 V。

2. MSD 防护与处理

MSD（Moisture Sensitive Devices，是指对湿度相当敏感而影响品质的元器件，通常 MSD 防护是指针对湿度敏感元器件，特别是有源器件进行干燥及防潮处理，满足工艺制程要求的技术方法。MSD 防潮标准可参照 IPC-SM-786 和企业内部制订标准执行。

① MSD 湿度敏感等级如表 6.12 所示。

表 6.12　MSD 湿度敏感等级

等级	包装要求	储存环境	拆封后存放条件及最大时间
1	无要求	无要求	无限制，≤85%RH（相对湿度）
2	要求 MBB（含 HIC），要求有干燥材料、警告标签	≤30 ℃,30%~70%RH	1 年，≤30 ℃/70%RH（相对湿度）
3	要求 MBB（含 HIC），要求有干燥材料、警告标签	≤30 ℃,30%~70%RH	1 周，≤30 ℃/70%RH（相对湿度）
4	要求 MBB（含 HIC），要求有干燥材料、警告标签	≤30 ℃,30%~70%RH	72 小时，≤30 ℃/70%RH（相对湿度）
5	要求 MBB（含 HIC），要求有干燥材料、警告标签	≤30 ℃,30%~70%RH	48 小时，≤30 ℃/70%RH（相对湿度）
6	要求特殊 MBB（含 HIC），要求有特殊干燥材料、警告标签	≤30 ℃,30%~70%RH	24 小时，≤30 ℃/70%RH（相对湿度）

注：MBB—Moisture Barrier Bag，防潮真空包装袋；HIC—Humidity Indicator Card，湿度显示卡。

② 生产过程涉及 MSD 时，须严格按照 MSD 敏感等级标准进行工艺处理，避免元器件品质失效导致加工缺陷。MSD 使用处理及注意事项如表 6.13 所示。

表 6.13　MSD 使用处理及注意事项

项目	实施
MSD 存放条件	（1）使用恒温恒湿箱妥善保存 （2）MSD 存放使用防潮柜或配置干燥剂 （3）MSD 敏感元器件存放设备需接地≤4 Ω

续表

项目	实施
MSD 处理工艺	（1）每天检查一次密封瓶湿度卡指示状况,湿度卡 10% 处颜色已变为粉红色时,要将密封瓶内的干燥剂全部烘烤后才能使用,烘烤条件为:温度（120±5）℃,时间为 16 h （2）在温度 40 ℃ +5 ℃／-0 ℃ 且湿度<5% RH 的低温烤箱内烘烤 192 h （3）在温度（125±5）℃ 的烤箱内烘烤 24 h
注意事项	（1）ESD 敏感元器件使用专用防静电工具拾取、流通,操作人员需佩戴、穿着检验合格的服饰及物品 （2）定期测试设备接地电阻,确保电阻阻值不大于 4 Ω （3）对于一般敏感元器件如普通 IC,在打开包装后元器件必须在 168 h 之内贴在 PCB 上完成焊接;如果在 168 h 内未使用,则必须重新烘烤,烘烤的条件为:温度（120±5）℃,时间为 24 h （4）对于极度敏感元器件如 BGA、DRAM、SRAM 等,打开包装后元器件必须在 48 h 内贴在 PCB 上完成焊接,如果在 48 小时内未使用,则必须重新烘烤,烘烤条件为:温度（120±5）℃,时间为 24 h （5）PCB 在打开包装后元器件必须在 2 周内用完,如果在 2 周内未使用则必须重新烘烤,烘烤的条件为:温度（110±5）℃,时间为 2 h （6）真空包装材料只能在使用前 10 min 拆开包装,打开包装后应首先检查湿度卡指示状况,在 20% 处如果为蓝色则表示为正常,否则材料不可以使用,应根据规定条件做烘烤

注:MBB 使用时要考虑 ESD 保护。

③ MSD 烘烤条件快捷判别。元器件贴装生产前,抽取包装袋内 HIC,显示袋内的潮湿程度,一般有若干圆圈,分别代表相对湿度 10%、20%、30% 等。各圆圈内原色为蓝色,当某圆圈内由蓝色变为紫红色时,则表明袋内已达到该圆圈对应的相对湿度;当某圆圈内再由紫红色完全变为淡红色时,则表明袋内已超过该圆圈对应的相对湿度;若湿度显示超过 20%,即 20% 的圆圈内 HIC 卡颜色完全变成了淡红色,表明生产前需要进行烘烤。

教学课件
任务 6.4

任务 6.4　简单单板的生产——SMT 生产线的实际运行

本任务以简单单板为载体,完成电子产品的完整生产过程。具体任务为:实施生产线安全运行规范;设计工艺流程、制订作业指导书等工艺文件;完成接料及来料检测、编写程序、联机调试、包装及出库等任务;准备锡膏、网板及擦拭纸、酒精等材料;静电控制、铅污染防护;正确使用腕带测试仪、表面电阻测试仪、电桥、热风枪、超声波清洗器、周转箱等辅助工具。

6.4.1　工艺特点认知

单面板工艺特点是效率高,PCB 组装加热一次,简单、快捷,在无铅焊中优势明显。单面板工艺流程图如图 6.7 所示。

图 6.7　单面板工艺流程图

6.4.2　简单单板组装工作过程

简单单板组装工作过程如图 6.8 所示。

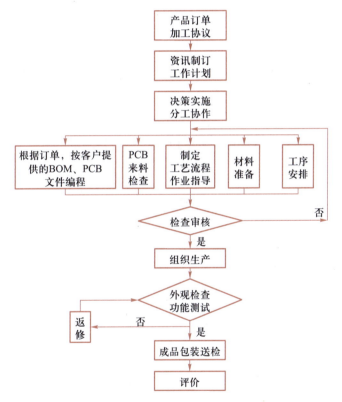

图 6.8　简单单板组装工作过程

6.4.3　作业指导

1. 印刷作业指导

印刷作业流程图如图 6.9 所示。

2. 贴片作业指导

贴片流程图如图 6.10 所示。

3. 再流焊作业指导

再流焊工艺流程图如图 6.11 所示。

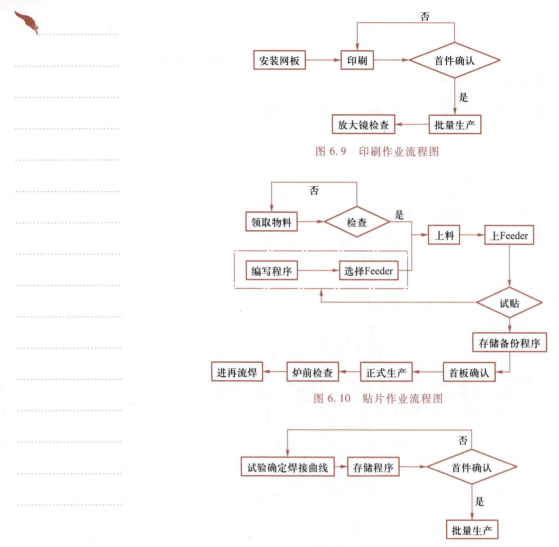

图 6.9 印刷作业流程图

图 6.10 贴片作业流程图

图 6.11 再流焊工艺流程图

6.4.4 静电控制措施及评价

1. 静电消除方式

① 对放电体而言,对地安全释放 0.1 s 内,静电压降至 100 V 以下,放电电流不能高于 5 mA。

② 对绝缘体而言,采取离子中和的方式。

2. 静电控制方法

① 防止静电荷积聚(Prevention)。

② 建立安全的泄放通路(Grounding)。

③ 设立良好的离子中和设备。

④ 确认有效的监测措施。

⑤ 控制静电的生成环境。

3. 防静电措施的评价

防静电措施的评价见表 6.14。

表 6.14　防静电措施的评价

主要措施	所属类型	HP 的要求
静电手环	抑制静电产生,耗散	$1 \text{ M}\Omega < R < 50 \text{ M}\Omega$(袖口至袖口)
脚环	耗散	$1 \text{ M}\Omega < R < 25 \text{ M}\Omega$(一只脚)
防静电地板	耗散	$25 \text{ k}\Omega < R < 5 \text{ M}\Omega$
防静电工作桌面	耗散	$1 \text{ M}\Omega < R < 1\ 000 \text{ M}\Omega$
离子风机	中和	$100 \sim 1\ 000 \text{ V}, 10 \text{ M}\Omega < R < 50 \text{ M}\Omega$
接地线传导	传导	$R < 2 \ \Omega$
防静电包装	屏蔽	$R < 10 \text{ k}\Omega$
	传导	$R < 1 \text{ k}\Omega$
	耗散	$10 \text{ k}\Omega < R < 100 \text{ G}\Omega$
头发的缚扎	抑制静电产生	长度<6in
规定静电安全区域	隔离	标志
防静电涂料	耗散	

本章小结

本章主要介绍了 SMT 生产线运行管理中的现场管理、品质控制、材料管理与使用的基本知识、基本理论,并通过简单单板这一生产任务案例,说明了 SMT 生产线的运行管理过程。

现场管理就是运用公司的有效资源,结合部属与众人的智慧和努力达成公司的目标。现场管理的要素包括人、机、料、法、环,六大管理目标包括品质、成本、交期、效率、安全、士气。现场日常管理三个层面包括事后管理、事中管理、事前管理。

5S 管理是现场管理的基础,是指在生产现场对人员、机器、材料、方法等生产要素进行有效管理。5S 管理包括整理、整顿、清扫、清洁、修养五个方面。

专门设有品质管理机构更好地进行品质控制。品管部负责人负责编制本部门各岗位工作人员的岗位职责及权限,为质量体系的有效运行建立组织保证。各岗位人员依据本人的岗位职责、权限在工作中建立联系,履行相应职责。

严格遵循 5S 标准,按照仓储管理制度及材料处理规范进行原材料的管理与使用,可有效降低物料的非正常消耗(失效、变质、ESD 击穿),减少甚至杜绝不合格原材料的流通。

简单单板的生产在 SMT 生产线的实际运行过程中,主要包括根据加工协议或产品订单,制订生产计划;根据生产计划,各部门分工合作:设备编程、来料检查、工艺流程设计与工艺文件编制、材料准备等;组织生产、产品质量检验、交货。

［1］杜中一,张欣.SMT 表面组装技术［M］.北京:电子工业出版社,2009.

［2］祝瑞花,张欣.SMT 设备的运行与维护［M］.天津:天津大学出版社,2009.

［3］李朝林.SMT 制程［M］.天津:天津大学出版社,2009.

［4］李朝林.SMT 设备维护［M］.天津:天津大学出版社,2009.

［5］朗为民,稽英华.表面组装技术(SMT)及其应用［M］.北京:机械工业出版社,2007.

［6］张文典.实用表面组装技术［M］.北京:电子工业出版社,2006.

［7］顾霭云.表面组装技术基础与可制造性设计［M］.北京:电子工业出版社,2008.

［8］顾霭云.表面组装技术(SMT)通用工艺与无铅工艺实施［M］.北京:电子工业出版社,2008.

参考手册

本书在编写过程中还参考了以下公司产品的相关手册,在此表示感谢.

[1]《日立 NP-04LP 型全自动网板印刷机用户手册》,熊猫日立科技有限公司.

[2]《日立 NP-04LP 型全自动网板印刷机维护手册》,熊猫日立科技有限公司.

[3]《日立 NP-04LP 型全自动网板印刷机维护作业指导手册》,熊猫日立科技有限公司.

[4]《环球设备操作手册 1——贴装平台操作指南》,环球仪器设备有限公司.

[5]《环球设备操作手册 2——预防性维护》,环球仪器设备有限公司.

[6]《环球设备操作手册 3——贴装平台带式送料器操作指南》,环球仪器设备有限公司.

[7]《环球设备操作手册 4——PTF 和 DPTF 盘式供料器操作指南》,环球仪器设备有限公司.

[8]《HELLER 系列回流炉操作手册,故障排除与维修指南》,HELLER INDUSTRIES 有限公司.

[9]《VCTA-A486 操作手册》,深圳市振华兴科技有限公司.

[10]《DAGE X 光机操作使用说明书》,深圳创世杰科技有限公司.

[11]《Dage XD7500 维护与保养手册》,英国 Dage 有限公司.

郑重声明

高等教育出版社依法对本书享有专有出版权。任何未经许可的复制、销售行为均违反《中华人民共和国著作权法》，其行为人将承担相应的民事责任和行政责任；构成犯罪的，将被依法追究刑事责任。为了维护市场秩序，保护读者的合法权益，避免读者误用盗版书造成不良后果，我社将配合行政执法部门和司法机关对违法犯罪的单位和个人进行严厉打击。社会各界人士如发现上述侵权行为，希望及时举报，本社将奖励举报有功人员。

反盗版举报电话　（010）58581999　58582371　58582488

反盗版举报传真　（010）82086060

反盗版举报邮箱　dd@hep.com.cn

通信地址　北京市西城区德外大街 4 号

　　　　　　高等教育出版社法律事务与版权管理部

邮政编码　100120